Ateliers
RENOV'LIVRES S.A.
2002

I0000498

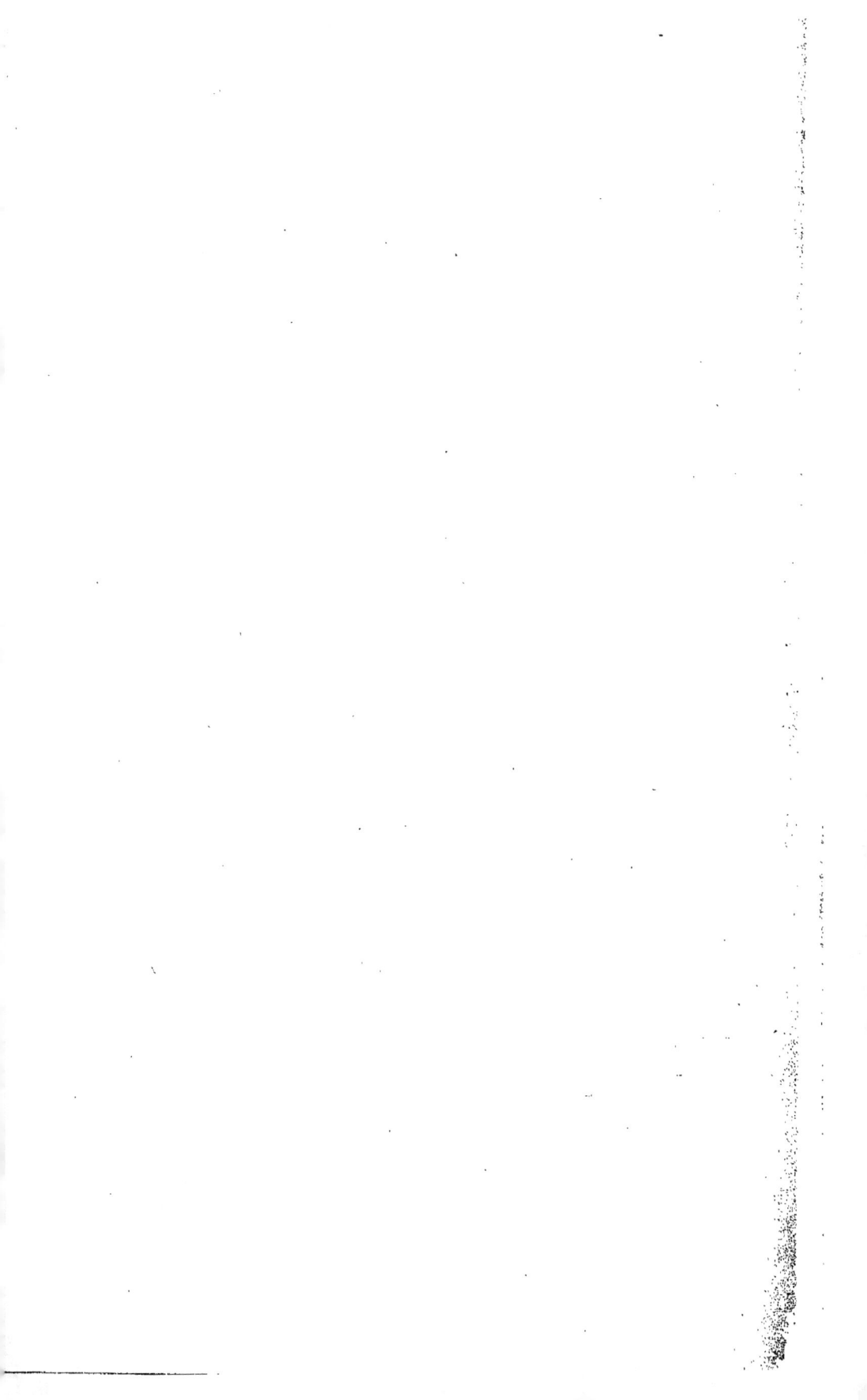

PRÉCIS

sur les

EAUX MINÉRALES

DES PYRÉNÉES,

ET DE TOUTE LA RÉGION QUI SE TROUVE COMPRISE
ENTRE L'OCÉAN ATLANTIQUE ET LES RIVES DE LA GARONNE;

PRÉCÉDÉ D'UN TRAITÉ

sur les

BAINS EN GÉNÉRAL,

ET SUIVI D'UN ESSAI

sur les

BAINS DE MER,

Par B. VERDO,

docteur-médecin.

Ouvrage orné de deux vues et une carte.

———

PRIX : 4 FRANCS.

———

PARIS,
LEDOYEN et GIRET, QUAI DES AUGUSTINS, 7.

BORDEAUX,
P. CHAUMAS, LIBRAIRE.
—
1851

Lith. J. Vidal, Descas & Cie.

EAUX BONNES, (Basses Pyrénées)

r. du Parlement 17

PRÉCIS

SUR LES

EAUX MINÉRALES DES PYRÉNÉES.

BAINS EN GÉNÉRAL.

BAINS DE MER.

Ie 163
Ie 1367

Les exemplaires voulus ayant été déposés, tout contrefacteur sera poursuivi conformément aux lois.

PRÉCIS

sur les

EAUX-MINÉRALES

DES PYRÉNÉES,

ET DE TOUTE LA RÉGION QUI SE TROUVE COMPRISE
ENTRE L'OCÉAN ATLANTIQUE ET LES RIVES DE LA GARONNE;

PRÉCÉDÉ D'UN TRAITÉ

sur les

BAINS EN GÉNÉRAL,

ET SUIVI D'UN ESSAI

sur les

BAINS DE MER,

Par B. VERDO,

docteur-médecin.

Avec deux vues et une carte.

BIBLIOTHÈQUE NATIONALE R.F. IMPRIMÉS.

PARIS,
LEDOYEN ET GIRET, QUAI DES AUGUSTINS, 7.
BORDEAUX,
P. CHAUMAS, LIBRAIRE.
—
1851

DÉPÔT LÉGAL
Gironde
N° 92
1851

AVANT-PROPOS.

La grande réputation dont jouissent, depuis si longtemps, les *eaux minérales* des Pyrénées, et les services incontestables qu'elles rendent, chaque jour, à l'art de guérir, ne pouvaient manquer d'attirer sur elles l'attention des chimistes et des médecins. Cependant, il faut le dire, on s'est trop borné, jusqu'ici, à considérer telle ou telle source dans son état d'isolement, et on a

négligé de les lier entre elles par l'étude générale de leurs caractères communs, des
rapports qui les unissent ou des différences
qui les distinguent, tant sous le point de
vue chimique que médical. De sorte que, à
part quelques travaux généraux, plus ou
moins incomplets, nous n'avons, sur ces
eaux, que des monographies, la plupart fort
remarquables, sans doute, mais qui se bornent à l'histoire d'une source, exclusivement, comme si elle était la seule au monde.

Réunir dans un même plan toutes les eaux
minérales des Pyrénées; circonscrire chaque
source dans sa sphère naturelle; lui faire la
part qui lui est due, et indiquer au médecin
ainsi qu'au malade les eaux qui doivent être
préférées, selon le genre d'affection, selon
l'âge, le sexe, ou le tempérament du sujet,
tel est le but que nous nous sommes proposé
en écrivant cet ouvrage.

Afin de mieux remplir notre cadre, nous
avons joint, aux sources des Pyrénées, celles des contrées qui s'étendent, au pied de
ces montagnes, entre l'Océan atlantique et

les rives de la Garonne, ce qui comprend les départements du Gers, des Landes, de Lot-et-Garonne et de la Gironde. La réunion de toutes ces sources forme un système hydrologique complet, et l'on y trouve des eaux minérales appartenant aux différentes classes établies par les chimistes, à savoir : des eaux *sulfureuses*, des eaux *acidules gazeuses*, des eaux *ferrugineuses* et des eaux *salines*. Nous avons choisi de préférence ces sources, parce qu'elles nous ont paru offrir des caractères particuliers fort intéressants, parce que nous avons visité nous-même la plupart d'entre elles, et que nous avons observé leurs effets sur un grand nombre de malades ; enfin, parce que nous avons pu joindre à nos observations particulières, celles qui nous ont été communiquées par l'obligeance de nos confrères.

Sans accorder à l'analyse chimique plus d'importance qu'elle n'en mérite réellement, et sans prétendre expliquer par elle toutes les vertus des eaux, nous avons cru cependant qu'elle ne devait pas être négligée, persuadé qu'elle est toujours d'un grand poids dans l'appréciation des faits thérapeutiques. C'est pourquoi nous avons apporté un soin extrême à recueillir les analyses qui nous ont paru les plus récentes et les plus complètes.

Des modifications importantes ont été opérées, depuis peu, dans un grand nombre d'établissements thermaux des Pyrénées ; on a découvert de nouvelles sources fort intéressantes, et l'expérience étend et perfectionne chaque jour l'application des sources déjà connues. Il était indispensable, pour nous, de signaler ces divers mouvements, et nous nous sommes efforcé, sous ce rapport, de nous tenir à la hauteur du progrès hydrologique.

Enfin, nous avons cru qu'il ne serait pas inutile de faire précéder notre travail d'un traité sur les bains en général, sur les bains de vapeur, les douches, les affusions, etc., et nous avons placé à la fin un aperçu sur les *bains de mer*, lesquels tendent chaque jour à acquérir une nouvelle importance.

Tout le monde sait que le voyage, le changement d'air et de climat, l'exercice, les distractions, les impressions agréables, contribuent pour beaucoup aux bons effets des eaux, dans le traitement des maladies. Ces moyens nous appartenaient donc de plein droit, et nous ne pouvions nous dispenser de signaler rapidement les ressources qu'offre chaque localité pour le plaisir et l'agrément des malades. De plus, nous avons donné un aperçu topographique succinct des environs de chaque source; nous avons noté les distances, indiqué les lieux ou les objets qui méritaient d'être visités; de sorte que notre livre peut, jusqu'à un certain point, servir de guide au voyageur comme au malade.

CHAPITRE Ier.

DES BAINS EN GÉNÉRAL.

SOMMAIRE.

Origine et histoire des Bains. — Bains des Grecs et des Romains. — Bains Turcs. — Bains Russes. — Des bains, tels qu'ils se pratiquent chez nous. — Division des bains. — Bains froids. — Bains frais. — Bains tièdes ou tempérés. — Bains chauds. — Des bains composés ou médicamenteux. — Des bains de vapeur. — Des douches. — Des affusions. — De la méthode hydropbathique.

Considérations préliminaires.

L'origine des bains, comme celle de tous les usages qui répondent aux premiers besoins de la vie, remonte à l'antiquité la plus reculée. Les hommes commencèrent d'abord par plonger dans la mer ou dans les fleuves voisins leurs membres fatigués et couverts de poussière. Bientôt l'art vint perfectionner une pratique dont la nature avait fait connaître les avantages ; on introduisit l'eau dans les habitations, on la chauffa, on y mêla des substances étrangères, destinées à en augmenter l'effet, de telle sorte que l'usage des bains se propagea rapidement et entra dans les habitudes de la vie domestique. Les législateurs et les fondateurs de religions imprimèrent encore à cet usage un caractère sacré, en le recommandant aux peuples, au nom de la divinité. La médecine vint à son tour emprunter aux bains de puissantes ressources pour combattre les maladies. Il suffit de lire les divers ouvrages d'Hippocrate, pour juger combien, de son temps, on avait déjà fréquemment recours à ce moyen. Lorsque le hasard eut révélé la vertu des eaux minérales, elles furent très-recherchées et en grande vénération. Enfin on bâtit des établissements publics destinés aux bains. Les Romains, qui avaient commencé, au temps de leur pauvreté, par se baigner dans le Tibre, poussèrent bientôt plus loin que tous les autres peuples le goût des bains, et ils les entourèrent de tous les raffinements que peuvent suggérer le luxe et la volupté. Partout où s'étendirent leurs armes victorieuses, ils élevèrent des monuments destinés à cet usage, et dont plusieurs sont encore debout pour nous donner une idée de l'importance qu'ils y attachaient. Outre les établissements publics, chaque personne riche avait encore dans sa maison un appartement destiné aux bains, où elle passait une partie de la journée.

Chez nous, cet usage est généralement beaucoup plus négligé; et l'on peut dire que si la France est le pays où l'on a le plus écrit sur les bains, c'est aussi celui où l'on se baigne le moins. Dans notre société tracassière et inquiète, où l'on est sans cesse agité et tourmenté par mille passions, par mille intrigues, par mille intérêts divers, on consacre avec peine une heure par semaine à un soin si important pour la santé. Il faut la vie calme et oisive des Ottomans, ou l'opulente mollesse des Romains, pour prendre le bain avec tout le soin qu'ils y apportaient. Sans conseiller à nos compatriotes un pareil excès de luxe, il serait à désirer, cependant, que l'on fît, en France, un usage plus fréquent des bains. A Rome, tout le monde se baignait, excepté peut-être ces versificateurs dont parle Horace, qui, pour se donner un air inspiré, se tenaient fort salement et fuyaient les bains : *Balnea vitat*, dit le poète. Que de gens, chez

nous, qui, sans avoir la plus petite prétention
poétique, n'ont cependant jamais plongé leur
corps dans aucun liquide !

De nos jours, en Russie, en Finlande, en
Turquie, en Égypte, sur les côtes nord de l'A-
frique, etc., on trouve, dans les plus petits vil-
lages, des établissements où le bain, par la mo-
dicité du prix, est mis à la portée de tout le
monde. Nous sommes bien éloignés, nous qui
nous vantons cependant d'être le peuple le plus
civilisé du monde, d'un pareil degré de perfectionnement. Sans parler des campagnes, où
l'usage des bains est presque complètement in-
connu, et où le médecin éprouve les plus grandes
difficultés à le faire prendre comme remède, dans
nos villes mêmes, une grande partie de la population s'abstient du bain. On ne saurait trop ré-
péter à ces personnes, qu'indépendamment des
avantages de propreté, elles se privent d'un excellent moyen de réparer leurs forces épuisées,
de faciliter l'action des organes, d'entretenir l'é-
quilibre des fonctions; et qu'enfin, à l'aide de
cette pratique, elles pourraient éviter un grand
nombre des maux qui les affligent. Il serait à désirer que, comme en Turquie et dans les autres
pays que nous avons déjà nommés, chaque village possédât, en France, un établissement de

bains accessible à tout le monde. C'est aussi indispensable, selon nous, que les hospices ou les
maisons d'asile. Les médecins feraient sentir aux
populations les avantages qu'elles pourraient retirer de la fréquentation de ces lieux, et nous
croyons pouvoir affirmer qu'on leur épargnerait
ainsi un grand nombre de maladies. Nous osons
espérer qu'avant peu notre société, qui s'occupe aujourd'hui si activement de l'amélioration
des classes pauvres, s'empressera de réaliser un
progrès aussi salutaire.

On pourrait, par exemple, à l'imitation des
Romains, qui se baignaient collectivement dans
de vastes bassins, appelés *piscine*, et comme
cela se pratique encore dans quelques-uns de nos
établissements thermaux, on pourrait, dis-je,
construire des réservoirs où les bains se pren-
draient en commun; et je suis persuadé qu'il
en résulterait pour le baigneur de grands avantages. D'abord on serait plus à l'aise et on
pourrait changer de position; on prendrait son
bain agréablement, en causant avec son voi-
sin; de cette manière, il produirait de bien meilleurs effets, et puis, il coûterait bien moins
cher. Toutes ces considérations feraient que les
bains seraient beaucoup plus fréquentés; on
se rendrait là comme à un lieu de réunion et de

plaisir où l'on trouverait à la fois l'agrément et la santé. *

Il faut dire, en effet, à notre justification, que, de toutes les manières de se baigner, la nôtre est, sans contredit, la plus monotone et la moins attrayante, et que c'est à cela, sans doute, qu'il faut attribuer le peu de vogue que les bains ont chez nous. On se plonge, comme chacun sait, dans une baignoire étroite et mal commode, où toute espèce de mouvement est impossible ; on passe une heure dans une eau qui, trop chaude au moment où l'on y entre, est trop froide lorsqu'on en sort ; on s'essuie à la hâte ; on s'habille, transi de froid, et l'on s'empresse de quitter ce lieu de supplice. Que l'on compare maintenant

---

* Au moment où nous écrivions ces lignes, le Gouvernement s'occupait de cette question, et le Ministre des travaux publics présentait à l'Assemblée nationale la demande d'un crédit de 600,000 fr. pour encourager, dans les communes, la création de *bains et lavoirs publics*. Quelques esprits inquiets se sont opposés à cet emprunt, sous prétexte qu'il favorisait les idées socialistes ! Malgré ces graves objections, l'emprunt a été voté. A cette occasion, on a constaté que le prix des bains, à Paris, est hors de la portée des classes pauvres : la moyenne en est de 60 cent. ; le minimum 40 cent., le maximum 80 cent. La moyenne des bains tièdes, pris à Paris, est, par an, de 2, 23 par habitant. Qu'on juge à quel degré doivent être les habitudes de propreté dans les villes manufacturières ; la plupart des habitants meurent sans avoir pris un seul bain dans le courant de leur vie.

cette manière de se baigner, aux pratiques variées, aux soins minutieux dont certains peuples
entourent leurs bains, et l'on comprendra facilement le puissant attrait qu'ils doivent avoir pour
eux.

Afin de faciliter ce rapprochement, avant de
parler de nos bains, nous allons essayer de tracer ici une esquisse rapide des bains des anciens
et de ceux qui sont en usage chez quelques na-
tions contemporaines.

Comme on peut en juger par la lecture de di- **Bains des Grecs**
vers passages de l'Odyssée, les Grecs connais- **et des Romains.**
saient déjà l'usage des bains chauds du temps
d'Homère. Ils prenaient ces bains dans l'intérieur
de leurs maisons. Plus tard, ils bâtirent, à côté
de leurs gymnases, des bains publics où ils al-
laient, après les jeux, se reposer et réparer
leurs forces. Les Romains, qui empruntaient
aux étrangers tous les usages qui leur paraissaient bons, importèrent chez eux celui des bains
grecs, et bientôt le poussèrent au plus haut degré de perfectionnement. Nous croyons donc
qu'il suffira de décrire ici les bains romains, qui
sont une copie brillante de ceux des Grecs, pour
donner à la fois une idée des uns et des autres.

Les établissements publics que les Romains

appelaient *Thermœ* ou *Bolnearia*, étaient des
édifices considérables. On y prenait des bains
d'eau chaude, des bains d'eau froide et des bains
de vapeur. Le milieu de l'édifice était occupé par
un vaste bassin nommé *aquarium*, au tour du
quel règnait une galerie où attendaient les personnes qui venaient prendre le bain. Non loin
de là, se trouvait le *vasarium*, salle qui contenait trois vases, appelés *milliaria*, et remplis,
séparément, d'eau froide, tiède et chaude. Ces
trois vases communiquaient par des tuyaux,
d'un côté avec l'*aquarium*, et de l'autre avec les
salles de bains.

Ces salles étaient : la salle des bains d'eau
chaude, *calidœ levationes;* le *tepidarium*,
étuve humide; le *calidarium* ou *laconicum*,
étuve sèche, et le *frigidarium*, bain d'eau froide.

Ces diverses salles, excepté le *frigidarium*,
étaient chauffées par une énorme fournaise, *hy-
pocaustum*, qui se trouvait au-dessous d'elles.
Le feu en était entretenu par des esclaves nommés *fornacatares*, qui, pour que la flamme
chauffât également toutes les parties, y faisaient
rouler des globes de métal enduits de térében-
thine. On brûlait, dans cette fournaise, toute
espèce de bois, excepté l'olivier.

Les étuves étaient circulaires et voûtées. Au

sommet se trouvaient deux ouvertures; l'une, pour donner du jour; l'autre, destinée à laisser passer l'air, et recouverte d'un bouclier d'airain mobile que l'on élevait ou abaissait, à l'aide d'une chaîne en métal, selon que l'on voulait augmenter ou diminuer la chaleur. Dans la salle du bain d'eau chaude se trouvait un vaste bassin nommé *lavacrum* ou *oceanum*, qui pouvait contenir plusieurs personnes, et où étaient placés des siéges; on y descendait par des degrés.

La personne qui venait pour se baigner commençait par se déshabiller dans l'*apoditerium*, puis passait dans l'*unctuarium*, où on la frottait d'huile. Elle entrait ensuite dans le bain proprement dit, *calidæ lavationes*, où, après l'avoir inondée d'eau chaude, on lui passait sur le corps une espèce de brosse, *strigil*. Elle se rendait, de là, successivement, dans le *laconicum*, puis dans le *tepidarium*, enfin, dans le *frigidarium*, où se trouvait un vaste bassin d'eau froide, *piscina*, assez grand pour qu'on put s'y livrer à l'exercice de la natation. En sortant de la piscine, on était essuyé avec soin, puis les *reunctores* frottaient de nouveau les baigneurs et les enduisaient d'huiles odorantes; enfin, on les couvrait d'un sindon, ou toile de lin, et ils revenaient s'habiller dans l'*apodyterium*.

Nous passons sous silence une infinité de détails qu'il serait trop long d'énumérer ici ; il faut voir dans le musée de Pompéïa, à Naples, la prodigieuse quantité d'ustensiles et de vases destinés à ces bains, pour s'en faire une idée.

Dans les thermes bien organisés, il y avait encore un local pour les jeux et les divers exercices du corps ; un jardin où l'on allait s'asseoir et causer, avant ou après le bain, etc., etc. La plupart des riches personnages de Rome avaient chez eux des bains destinés à leur usage particulier, construits sur ce modèle et décorés avec le plus grand luxe. Ils s'y baignaient jusqu'à cinq et six fois par jour.

Mécène bâtit le premier bain public, et ces établissements prirent bientôt un accroissement rapide. Publius Victor en compte déjà huit cents. Du temps de Pline, ils s'étaient multipliés à l'infini. D'après la description que nous venons de donner, on peut juger de l'immensité que devaient avoir ces édifices. Amien Marcellin, pour donner une idée de leur grandeur, les compare à des provinces : *in modum provinciarum extructa lavacra*. En effet, dans les thermes de Caracalla, par exemple, il y avait mille six cents siéges en marbre ; et trois mille personnes pouvaient s'y baigner à la fois. Ces édifices sont restés les

plus impérissables des monuments romains.
L'église des Chartreux, à Rome, est formée
d'une salle de thermes.

Les bains se prenaient ordinairement avant la
cène, qui était le repas du soir; on les payait un
quadrans, le quart d'un *as* (moins d'un sol de
notre monnaie). Les jours de fête, on accordait
au peuple le bain gratis, comme aujourd'hui le
spectacle.

Au commencement, les hommes et les femmes se baignaient séparément, et tout se passait selon les règles de la plus sévère morale.
Mais bientôt, malgré les édits d'Adrien et des
empereurs vertueux, les sexes finirent par se
mêler, et ces lieux devinrent le théâtre de la
prostitution la plus effrénée, de la plus mons-
trueuse débauche; comme savait seul en faire le
peuple-roi, qui nous a dépassé autant dans ses
vices que dans ses vertus.

Nous renvoyons les personnes qui désireraient
avoir de plus amples renseignements sur les
bains des Romains, à Vitruve, Athénée, Pline
le jeune, Pétrone, etc.

A l'exemple de la plupart des fondateurs des Bains des Turcs.
religions de l'antiquité, Mahomet imposa le bain
aux croyants, comme un devoir religieux. Aussi

le bain et la prière ont–ils à peu près la même
part dans leur vénération et sont–ils pratiqués
avec la même exactitude. Ce soin semble plus
important pour eux que celui de l'alimentation.
Nous avons fait, à ce sujet, une remarque assez
singulière : c'est que, dans les quartiers de
Constantinople ou de Smyrne qui sont habités
par les Turcs, on ne trouve pas de restaurant,
tandis qu'il y a partout des établissements de
bains ; dans les quartiers francs de ces mêmes
villes, au contraire, les bains disparaissent complètement pour faire place aux restaurants.

Voici comment se prennent ces bains : Vous
vous déshabillez d'abord dans un vestibule assez vaste et garni de divans ; on vous jette ensuite sur les épaules un drap de coton dont vous
vous enveloppez ; on vous met aux pieds des
sandales de bois, pour les préserver de la chaleur des dalles, et l'on vous fait passer immédiatement dans une salle voisine. Cette salle est
voûtée et reçoit le jour par en haut. Plusieurs
tuyaux y versent sans cesse une vapeur chaude.
En entrant, vous respirez un air brûlant, votre
poitrine est oppressée, votre corps chancelle,
vos yeux s'obscurcissent, et vous essayez de revenir en arrière. Alors on vous fait asseoir sur
un banc de pierre, et bientôt vous vous habituez

à cette température, qui finit par vous paraître fort douce; puis on vous fait passer dans une autre salle, semblable à la première, mais où la vapeur est plus chaude. Après une courte station, pour vous habituer à cette nouvelle température, vous passez dans une troisième salle, plus chaude encore que les deux autres, dans laquelle se trouvent plusieurs bassins d'eau, à différents degrés. Là, une faiblesse générale s'empare bientôt de tous vos membres, d'où découle une sueur abondante. Alors un garçon des bains s'empare de vous, vous étend sur une natte, vous arrose d'eau et vous passe sur tout le corps un gant de cuir ou de crin, qui débarrasse la peau des matières grasses et des débris d'épiderme qui la couvrent. Ensuite il vous tourne et vous retourne, vous presse et vous pétrit les chairs avec sa main, vous tiraille les membres et fait craquer chaque articulation. Ces manœuvres portent le nom de *massage*. On vous couvre, après cela, le corps d'une mousse de savon parfumé, et l'on vous verse sur la tête plusieurs seaux d'eau chaude à diverses températures, en passant successivement de la plus basse à la plus élevée. Ces diverses opérations terminées, vous sortez de là en repassant par les salles par lesquelles vous êtes venu, et dont l'air vous paraît

frais. Vous y restez quelque temps, pour vous
habituer à la transition; on vous essuie avec
soin la tête et le corps; on vous couvre de linge
de coton, et vous arrivez enfin dans le vestibule
dans lequel vous avez déposé vos habits. Vous
vous couchez sur un divan et, pendant que vous
prenez du café et que vous fumez un chibouck,
on vient vous masser de nouveau; après quoi
vous passez quelques heures plongé dans un état
de délicieuse quiétude, entre le sommeil et la
veille.

En sortant de ces bains, on sent ses forces
réparées; on est plus agile et plus dispos; la peau
est douce, fraîche et moelleuse, les membres
sont plus flexibles et plus vigoureux; en un mot,
on se trouve tout régénéré.

Tels sont ces bains, comme nous les avons
pris nous-même en Turquie, en Grèce, en
Afrique; tels ils se pratiquent, à peu de variations près, en Perse, en Égypte et dans
l'Inde.

Bains des Russes. Les Russes, les Finlandais et la plupart des
peuples du Nord prennent aussi des bains de va-
peur à une température très-élevée. En Russie,
les établissements des bains se composent d'une
seule salle, au tour de laquelle règnent de larges

banquettes disposées en degrés. Au milieu de cette salle se trouve un vaste fourneau chargé de cailloux de rivière rougis par le feu. On verse de l'eau sur ces cailloux, et il s'en dégage à l'instant une vapeur ardente qui remplit bientôt toute la salle.

Les personnes qui viennent prendre ces bains commencent, après s'être déshabillées, par se soumettre à l'action de cette vapeur sur les gradins inférieurs, où la température est plus modérée; elles s'élèvent ensuite, successivement, jusqu'aux gradins supérieurs, où la vapeur est brûlante (40 à 45° R.). On les fustige légèrement par tout le corps avec des branches de bouleau, pour augmenter la chaleur et la rougeur de la peau, et on fait pleuvoir sur elles, de la voûte, une pluie fine d'eau chaude. On leur verse ensuite plusieurs seaux d'eau froide sur le corps, ou bien elles sortent pour aller se plonger dans un étang, à l'air libre, ou se rouler dans la neige.

Après le bain, les Russes prennent une boisson composée de bière, de vin blanc, de pain rôti et de tranches de citron, et se reposent ensuite quelque temps sur un lit. Le *mougick* ou serf, avale un verre d'esprit de grain et retourne à ses travaux. Ces bains sont très-fréquentés en

1*

Russie, où ils sont un besoin pour le peuple :
on en trouve à peu près dans chaque village.

Nous bornerons là ce que nous avions à dire
sur les bains des différents peuples, et nous al—
lons nous occuper maintenant de ceux que l'on
prend chez nous.

DES BAINS, TELS QU'ON LES PRATIQUE
EN FRANCE.

En France, le *bain* est l'immersion du corps
dans l'eau ou dans un liquide quelconque : ce
bain est dit *général* ou *partiel*, selon que le
corps est plongé en entier ou en partie : il est
employé comme moyen *hygiénique* ou *thérapeutique*. La médecine emploie encore le bain sous
forme de *douches*, de *vapeur*; elle mêle à l'eau
des principes médicamenteux, ce qui constitue
les *bains composés*.

Les bains simples produisent sur l'économie
des effets très-variés et qui sont plus ou moins
marqués, selon l'intensité de leurs diverses propriétés, selon le tempérament ou le genre de
maladie de celui qui se soumet à leur influence.
Les principaux modes d'action du bain sont : la

pression qu'exerce sur le corps un milieu plus
dense que l'atmosphère et quelquefois la percussion (bains de rivière, bains de mer); l'action
de l'eau sur la peau, l'assouplissement, le ramollissement, l'abstersion, enfin la température.
Cette dernière propriété est la plus active et la
plus importante; c'est aussi d'après elle que l'on
établit généralement la division des bains. Nous
allons donc, suivant les usages déjà reçus, étudier successivement :

Le bain froid, de 5 à 15 degrés centigrades.

Le bain frais, de 15 à 25   —

Le bain tiède, de 25 à 35   —

Et enfin le bain chaud, de 35 à 45 ou 46, dernier terme que les observateurs n'ont pas dépassé.

Est-il nécessaire de faire remarquer ici que
ces divisions sont approximatives et purement
arbitraires, et que, par conséquent, elles n'ont
rien d'absolu? En effet, le bain qui paraîtra
chaud à telle personne, peut paraître tiède ou
même frais à telle autre, et réciproquement.
C'est donc sur l'impression que le bain produit
sur la sensibilité de chaque individu, plutôt que
sur le thermomètre, que l'on devra se régler,
pour fixer le degré de température que doit avoir
le bain.

I. — *Bain froid de* 5 *à* 15 *degrés centigrades* : La première impression que l'on éprouve, en entrant dans *le bain froid*, est un frisson général, accompagné d'un sentiment de constriction pénible. La respiration est courte et saccadée, la peau se contracte et s'horripile, les membres sont raides et engourdis, et un tremblement convulsif s'empare de tout l'individu. Bientôt, par suite du resserrement que le froid produit sur les tissus, les humeurs qui les pénètrent, refoulées de la péripherie, se concentrent sur les organes intérieurs et gênent leurs fonctions. Alors le pouls devient petit, serré, fréquent; la respiration, à cause de l'engorgement des poumons, est pénible et difficile; des douleurs se font sentir dans la tête et dans l'épigastre. Si le bain est très-froid, les genoux s'entrechoquent par un tremblement convulsif, la face est pâle et livide, les yeux sont caves, le nez effilé, la peau se couvre de plaques violettes, la mâchoire inférieure est tremblante; les membres, raides et endoloris, se prêtent difficilement aux mouvements qu'on veut leur faire exécuter; enfin, il survient un sentiment général de malaise si grand, que l'on est forcé de sortir de l'eau au bout de quelques minutes : il serait même, alors, imprudent de prolonger ce bain

plus longtemps, car on s'exposerait à des accidents graves, à des apoplexies mortelles. Lorsque, après s'être essuyé, on a repris ses vêtements, il s'établit bientôt une réaction marquée
par un sentiment de chaleur agréable qui s'exalte
plus tard et devient brûlante. Les humeurs re-
fluent vers la périphérie, le pouls devient large
et plein, et enfin toutes les fonctions finissent
par reprendre leur cours habituel.

D'après le tableau que nous venons de tracer
du bain froid, on peut juger combien ce moyen
est violent, et combien, par conséquent, il doit
être administré avec circonspection et avec discernement. Ainsi donc, nous ne sommes pas
partisans de cette école qui a pris récemment
naissance en Allemagne, et qui, sous le nom
d'*hydropathie*, prétend, à l'aide de l'eau froide,
guérir toutes les maladies;* et nous croyons que
ces bains ne conviennent pas aux tempéraments
irritables, aux personnes menacées d'anévrismes, aux sujets faibles, aux vieillards, naturellement prédisposés aux congestions, et chez
lesquels les réactions s'opèrent difficilement;
mais nous croyons aussi qu'on peut en retirer

---

* Nous reviendrons sur ce sujet dans le cours de ce chapitre.

de grands avantages, comme moyen tonique,
pour raffermir les tissus, stimuler les organes
paresseux, et activer les fonctions chez les sujets mous et lymphatiques; nous croyons que
le trouble qu'ils apportent dans toute l'économie
et que la réaction dont ils sont suivis peuvent
être mis à profit pour opérer la résolution de
certaines maladies chroniques, telles que, par
exemple, l'engorgement des organes digestifs,
les rhumatismes, etc., etc.

Quelques peuples du Nord ont l'habitude de
plonger leurs enfants nouveau-nés dans l'eau
froide ou dans la glace, pour les endurcir contre les intempéries.

Quoi qu'aient pu dire certains philosophes, et
même quelques médecins, pour nous conseiller
d'en faire autant, nous croyons, pour notre part,
qu'un pareil exemple n'est pas bon à suivre. Ce
traitement violent doit produire des secousses
funestes sur le système nerveux des enfants qui
y sont soumis, contrarier leur développement et
empêcher cette dépuration salutaire que l'on remarque à cet âge, et qui s'opère par des éruptions cutanées. Marcand nous apprend, en effet, que la peau des enfants élevés d'après ce régime est rugueuse, sèche, coriace. Enfin nous
croyons que la plupart des sujets qui n'apportent

pas en naissant une constitution robuste doivent succomber à une épreuve aussi rude. C'est,
tout bonnement, l'application du système des
anciens Spartiates, qui se débarrassaient des
enfants malingres et débiles, pour ne conserver
que ceux qui étaient bien constitués. Il faut donc
laisser à la barbarie ces usages sauvages, et nous
en tenir à nos habitudes.

II. — *Bain frais, de 15 à 25 degrés centigrades :* Le bain *frais* est celui que l'on prend en
été, dans les rivières ou dans la mer, lorsque
l'eau est convenablement chauffée par les rayons
du soleil, et que, d'un autre côté, l'excès de la
chaleur fait rechercher les moyens d'en tempé-
rer les effets. C'est le bain dans toute sa simplicité primitive. En entrant dans ce bain, on est
d'abord saisi d'un léger frisson accompagné de
spasme, d'un sentiment de malaise; la respiration
est irrégulière et précipitée; mais ces symptomes
disparaissent promptement pour faire place à
une agréable sensation de fraîcheur. Les forces
vitales réagissent, la peau devient rouge, le
pouls est plus accéléré qu'avant l'immersion, on
éprouve de fréquents besoins d'uriner, qui sont
occasionnés par la suspension de transpiration,
Si l'on reste trop longtemps dans ce bain, il sur-

vient un nouveau frisson, les membres deviennent raides, on ressent des douleurs musculaires, des crampes, de la céphalalgie ; la peau pâ-
lit, le pouls devient plus lent. Il est prudent de
ne pas attendre ce moment pour quitter le bain.

Le bain frais est très-salutaire, surtout pour
les personnes qui s'y livrent à l'exercice de la
natation. Après l'avoir pris, on se sent plus fort
et plus dispos ; il augmente l'appétit, facilite la
digestion et active toutes fonctions ; il fortifie les
organes, raffermit les chairs, durcit la peau et
diminue les pertes qu'occasionne la transpiration. Il convient singulièrement à l'espèce de
constitution particulière aux femmes, aux organisations faibles et délicates, à ceux dont les fibres sont flasques et molles, aux constitutions
paresseuses qui ont besoin d'être stimulées.
Mais, pour produire tous les bons effets qu'on
en attend, ce bain doit-être pris au grand air,
dans une eau courante ou dans la mer, et non
dans une baignoire.

Quoique le bain frais soit plutôt hygiénique
que thérapeutique, on l'emploie cependant dans
le traitement de certaines affections, comme
moyen tonique ou dérivatif. Il convient surtout
aux rachitiques, aux scrofuleux ; on y a recours
avec avantage dans les leucorrhées opiniâtres,

dans certains cas d'aménorrhée, lorsqu'elle est occasionnée par une trop grande irritabilité de l'utérus ; c'est un excellent moyen de déterminer l'apparition des règles chez les filles chloroti-ques. Mais, dans tous les cas, il est important de mesurer la température et la durée de ce bain aux force de l'individu ; car, si sa constitution manquait de l'énergie nécessaire pour opérer une réaction, il pourrait en résulter les acci-dents les plus funestes.

Les sujets pléthoriques, les vieillards, ceux qui sont prédisposés aux congestions, aux hy-pertrophies du cœur, qui sont sujets aux érup-tions cutanées ; ceux qui ont la poitrine délicate ou malade doivent en user avec le plus grand ménagement. Les femmes s'en abstiendront, pendant l'époque de leurs règles, et même quel-ques jours avant ou après. Il est inutile de dire que, dans tous ces cas, ce bain est d'autant plus contre-indiqué, que sa température se rapproche davantage des degrés inférieurs de l'échelle que nous avons établie.

On ordonne le demi-bain de rivière ou de mer aux jeunes filles, à l'époque de la puberté, lors-que les organes qui devaient opérer, à cet âge, l'évacuation sanguine, manquent de l'énergie nécessaire pour accomplir cette fonction. Il est très—avantageux aussi contre les incontinences d'urine, chez les enfants débiles, et contre les pollutions nocturnes.

Nous aurons occasion de revenir sur le bain frais en parlant des bains de mer.

III. — *Bain tiède de* 25 *à* 35 *degrés centigrades :* Le bain *tiède* ou *tempéré* est celui que l'on prend ordinairement chez soi ou dans les établissements publics. Ce bain doit être chauffé, dans ses degrés les plus élevés, au—dessous de la température du sang, qui, comme l'on sait, est de 30° R. 37° 50 c. On n'y doit éprouver ni la sensation de froid ni celle de chaleur. Ce n'est pas le thermomètre qui peut fixer le degré de calorique que l'on doit donner pour cela à ce bain, puisque, comme nous l'avons déjà dit, l'impression varie selon les dispositions individuelles de chaque personne.

Le bain tiède fait éprouver une légère sensation de chaleur accompagnée d'un sentiment de bien—être et de quiétude remarquables. Sous son influence, le pouls devient moins fréquent, la respiration est plus lente, la peau se gonfle et devient plus souple ; elle est débarrassée de cet enduit qu'y forment la transpiration et la poussière, cause incessante d'irritation, et qui peut

occasionner une infinité de maladies. C'est donc
un moyen indispensable·de propreté, qualité si
essentielle à la conservation de la santé. Il s'opère
dans ce bain une absorption considérable, ce
qui provoque de fréquentes envies d'uriner. On
évalue à quinze cents grammes la quantité d'eau
qui peut être absorbée par un adulte, dans l'espace d'une heure. Par suite de cette absorption,
tous les tissus sont dilatés; une bague au doigt
y devient trop étroite. En sortant, on sent une
légère impression de froid, qui cesse dès qu'on
a été essuyé et qu'on a repris ses vêtements. Le
sentiment de bien-être qu'on y a éprouvé se
prolonge encore le reste de la journée. On est
délassé, rafraîchi, plus dispos. La durée moyenne
de ce bain est d'une heure environ.

Le bain tiède est essentiellement hygiénique;
il convient surtout aux personnes dont les facultés sont parfaitement équilibrées, pour entretenir cette harmonie; il rétablit le cours régulier
des fonctions, qui s'exercent avec plus d'aisance
et de liberté; il facilite la circulation à la périphérie et favorise la transpiration cutanée. Il
repose les membres fatigués, relève et répare
les forces et dispose à de nouveaux travaux. On
y a recours avec avantage, après les excès qui
épuisent les ressources de l'organisation, après

les longs exercices du corps et de l'esprit. Il tempère l'activité ou l'ardeur des sens et appaise le tumulte des passions. Les jeunes-gens y puiseront le calme de l'imagination, et il mitigera cette impétueuse ardeur pour les plaisirs, si naturelle à leur âge. Il dissipe le trouble causé par les violents accès de colère ou de mélancolie; enfin, il détend les nerfs, adoucit le caractère et dispose au bien. *

Il rend très-susceptible aux intempéries de l'atmosphère, et, lorsque son usage est trop fréquent, il énerve et affaiblit l'organisme.

Le bain tiède n'est pas moins thérapeutique qu'hygiénique. Dès la plus haute antiquité, on avait reconnu combien son emploi pouvait être utile dans le traitement des maladies, et Hippocrate, dans plusieurs passages de ses ouvrages, mais surtout dans son *Traité des maladies aiguës*, le préconise comme un remède des plus efficaces. C'est, en effet, un des plus puissants

---

* Qui ne connaît cette anecdote de l'histoire d'Henri IV, roi d'Angleterre? Pendant qu'il était au bain, ce prince donna audience à deux pauvres femmes opprimées qui venaient réclamer son appui, et auxquelles il fit rendre justice. C'est à cette occasion qu'un sentiment mêlé de galanterie et d'humanité lui inspira l'idée d'instituer l'ordre *du Bain*. Combien d'ordres qui n'ont pas une aussi belle origine!

moyens antiphlogistiques, et, à ce titre, la longue liste des phlegmasies réclame son emploi : par exemple celles des organes abdominaux, aiguës ou chroniques, telles que la gastrite, l'entérite, les coliques ; il est encore particulièrement indiqué dans la cystite, la gravelle, la néphrite, l'hépatite ; on l'emploie avec beaucoup d'avantage dans la péritonite, la métrite et pendant la grossesse. — Les phlegmasies des organes encéphaliques, l'aliénation mentale réclament son concours. Il est cependant proscrit dans les affections de la poitrine ; non qu'il ne pût être fort utile dans ces maladies, mais son emploi nécessiterait une infinité de précautions minutieuses dont l'omission pourrait causer les plus graves accidents.

Par son action directe sur la peau, le bain tiède convient parfaitement dans la plupart des affections de cet organe : squammes, papules, pustules, etc. On ne l'emploie cependant pas chez nous dans les exanthèmes aigus, quoique dans certaines contrées, en Hongrie, par exemple, on l'applique avec le plus grand avantage dans ces maladies, comme la petite-vérole, la rougeole, etc., etc.

Mais c'est surtout dans les névroses que l'usage des bains tièdes est efficace ; l'hystérie, la

2

nymphomanie, la danse de Saint-Guy, le sa-
tyriasis, les palpitations, les vapeurs, les convulsions si fréquentes chez les enfants, et les
cas d'hypocondrie accompagnée de chaleur, de
céphalalgie avec insomnie opiniâtre, etc. On ne
les négligera pas dans l'amenorrhée et dans la
dysmenorrhée.

Ils sont très-utiles dans les hernies, l'ileus, par
la distension qu'ils opèrent sur les fibres; ils dis-
posent aux grandes opérations chirurgicales et
à l'accouchement. Enfin, on n'en finirait pas, si
on voulait énumérer toutes les maladies dans
lesquelles on les emploie avec succès. Cependant, leur effet étant surtout antiphlogistique et
calmant, on comprend que leur usage doit être
proscrit dans ces maladies asthéniques où l'organisation a besoin surtout d'être stimulée; telles
que les scrofules, le scorbut, la chlorose, l'anémie; dans les fièvres hectiques, l'épuisement qui
est la suite d'une longue maladie, l'hydropisie,
les hémorrhagies passives. Hippocrate dit : *Il ne
faut pas baigner les faibles.*

Le *bain de siége tiède* est employé pour faciliter l'écoulement des menstrues ou celui des hémorroïdes, ou pour rappeler cet écoulement,
lorsqu'il a été suspendu par une cause quelconque. Il est très-favorable, comme moyen anti-

phlogistique, dans les inflammations des organes genito-urinaires des deux sexes. Dans tous les cas il supplée, jusqu'à un certain point, le bain général. Les femmes ne doivent pas le négliger, comme moyen de propreté, après les menstrues.

IV. — *Bain chaud de 35 à 45 degrés centigrades :* Le *bain chaud*, chauffé au-dessus de la température du sang, est rarement employé comme remède, et jamais comme moyen hygiénique. Cependant, quelques physiologistes s'y sont soumis pour en observer les effets, et l'ont poussé jusqu'à 45 ou 46° c., terme que l'on n'a, je crois, jamais dépassé; et voici ce qu'ils ont observé :

En entrant dans ce bain, on éprouve un frisson, une horripilation, comme dans le bain froid; mais cette sensation est bientôt remplacée par un sentiment de chaleur pénible et insupportable qui fait rechercher l'air frais. La peau se gonfle, sa température augmente, elle devient d'un rouge érysipélateux. La respiration est anxieuse et fréquente, le pouls est accéléré; la face est vermeille et injectée, il en découle une sueur abondante; tout le corps se dilate sensiblement. La bouche est pâteuse, la soif ardente.

Il survient des palpitations, de la pesanteur de tête, des bâillements fréquents, des vertiges, de la somnolence : les facultés intellectuelles sont plus obtuses. Enfin, si l'on s'obstine à pousser l'expérience trop loin, on s'expose à des syncopes, à l'apoplexie, à des hémorragies graves.

Quelques-uns des symptômes que nous venons de décrire persistent encore plusieurs heures après le bain. Il laisse toujours après lui une grande faiblesse, de la fréquence dans le pouls, et une disposition à transpirer.

Le bain chaud, comme nous l'avons déjà dit, n'est jamais employé dans un but hygiénique, mais l'excitation passagère qu'il produit à la peau, ses propriétés révulsives et sudorifiques sont utilement exploitées par la thérapeutique. On l'applique avec avantage au traitement des phlegmasies cutanées chroniques, des rhumatismes chroniques, des paralysies locales. On l'a employé encore au début de la petite-vérole, lorsque l'éruption se faisait trop attendre. Enfin on a tiré parti de la propriété dont il jouit, de provoquer d'abondantes sueurs, pour le traitement de la syphilis. Ce bain est rarement employé en médecine, et on le remplace avantageusement par le bain de vapeur, qui produit les mêmes effets sans exposer aux mêmes dangers.

Le *bain de pied très-chaud* est employé tous
les jours comme révulsif. Il appelle vers les parties immergées un afflux dérivatif fort utile dans
les céphalalgies, les anévrismes, les angines,
les ophthalmies, les congestions cérébrales, les
migraines, etc., etc. Il s'opère alors une excitation locale, un accroissement de vie qui rompt
l'équilibre des forces et les détourne de l'endroit
où elles étaient d'abord en excès. On rend ce
bain plus efficace, en y faisant dissoudre des
matières excitantes, alcalines ou acides, de la
moutarde, etc.

D'après ce que nous venons de dire, on voit
que les bains, aux degrés extrêmes de notre division (bains froids, bains chauds), sont très-rarement employés chez nous, tandis qu'aux degrés moyens (bains frais, bains tièdes), ils sont
d'un usage extrêmement fréquent. Maintenant il
est facile de comprendre que ces bains peuvent
se varier, se modifier à l'infini, selon l'âge, le
sexe, le tempérament de l'individu; selon le climat et la saison; enfin, selon le genre de maladie auquel on l'applique et l'effet thérapeutique
qu'on veut en obtenir. Les femmes sont, en général, douées d'une sensibilité plus grande, plus
délicate que celle des hommes; il faut donc, au-

Préceptes généraux relatifs aux bains.

tant que possible, leur ménager les causes d'excitation, et c'est pour cela qu'il faudra employer pour elles les bains chauds ou froids avec la plus grande réserve. Il en est de même des enfants. On ne les prescrira jamais aux vieillards : la tendance à l'endurcissement des tissus, aux congestions cérébrales, à l'apoplexie est si grande, chez eux, qu'on doit redouter d'en hâter ou d'en déterminer les accidents. Il n'en est pas de même des bains tièdes, qui conviennent éminemment à toutes ces personnes.

En général, lorsqu'on veut appliquer les bains chauds ou froids à un tempérament faible ou délicat, il serait prudent de commencer par le bain tiède, et de faire d'abord de courtes immersions en augmentant peu-à-peu la durée, en même temps qu'on élèverait ou qu'on abaisserait la température. A l'aide de ces précautions, on éviterait les dangers auxquels expose l'impression trop brusque que produit un bain chaud ou froid.

Il arrive quelquefois qu'un bain, dont on espérait les plus heureux résultats, produit des effets tout opposés, sans qu'on puisse expliquer ces effets autrement que par la répugnance. Certaines personnes, en effet, éprouvent pour le bain une telle aversion, une telle horreur, si l'on peut parler ainsi, que la seule idée de l'immersion les remplit d'effroi. A peine sont-elles dans l'eau, qu'elles ont des convulsions ; elles poussent des cris, se débattent, suffoquent, perdent connaissance. Chez de pareils hydrophobes, le bain serait plutôt nuisible qu'utile, et il faut renoncer pour eux au bénéfice de ce puissant moyen de traitement.

Il est utile de faire, avant et après le bain, un léger exercice qui ne doit jamais être poussé jusqu'à la fatigue. On ne se plongera pas dans le bain pendant qu'on est en sueur.

On aura soin de ne jamais entrer dans le bain frais pendant le travail de la digestion ; mais, au sortir du bain, on pourra prendre quelques aliments légers avec un peu de vin généreux. Les mêmes précautions, quoique moins indispensables pour le bain tiède, ne sont pas cependant à dédaigner.

Pendant l'été, il faut éviter de prendre le bain frais sous les coups des rayons ardents du soleil, qui pourraient occasionner des congestions cérébrales, des érysipèles, etc. On choisira donc, pour se baigner, un lieu ombragé, ou bien on se baignera de préférence le matin, avant le lever du soleil, ou le soir, après son coucher.

On doit avoir soin, lorsque l'on est dans le

bain frais, de se mouiller la tête, afin d'éviter les congestions. C'est pour avoir négligé cette précaution, que l'on sort le plus souvent de ce bain avec de la céphalalgie.

Lorsqu'on prendra le bain chaud; il faudra éviter les transitions subites de température. Avant de sortir au grand air, on restera quelque temps dans un appartement médiocrement chauffé.

Il faut toujours avoir soin, en sortant du bain, de bien s'essuyer avec du linge sec, et de se vêtir chaudement.

Tels sont les conseils que nous avons à donner aux personnes qui prennent des bains. Nous en avons un aussi pour celles qui les négligent: c'est de se baigner plus souvent.

Si le bain est opportun, si le moment est favorable, si la température est appropriée à l'idiosyncrasie de l'individu, si son emploi est bien indiqué; en un mot, si toutes les conditions ci-dessus sont bien observées, on est en droit d'attendre du bain les résultats les plus efficaces. « Les baings tant naturels qu'artificiels, dit Am-
» broise Paré, sont remèdes fort loüables et
» sains, s'ils sont pris en temps deu, et quan-
» tité et qualité conuenables, comme tous autres
» remèdes, mais s'ils ne gardent telles reigles

» ils nuisent grandement : car ils excitent hor-
» reurs, frissons et douleurs, densité de la peau,
» débilitent les facultés de notre corps et appor-
» tent plusieurs autres dommaiges. » *

BAINS COMPOSÉS OU MÉDICAMENTEUX.

Lorsque les organes digestifs sont déjà irrités
ou affaiblis au point de faire redouter l'administration de certains médicaments trop violents ;
lorsque l'estomac éprouve de la répugnance pour
quelques substances, soit végétales, soit minérales, on fait dissoudre ces substances dans un
bain qui les transmet à l'économie, par voie
d'absorption. On emploie encore ce procédé pour
les maladies de la peau. Dans ce cas, le remède
étant appliqué directement sur le mal, agit d'une
manière immédiate. Enfin, pour produire des
faits analogues à ceux des bains minéraux, on
mêle à l'eau du bain une ou plusieurs des substances qui se trouvent dans ceux-ci. Tous ces
bains, qui tiennent en dissolution des matières
étrangères à l'eau naturelle, s'appellent *bains
composés* ou *médicamenteux*. Nous renvoyons

* Ambroise Paré, *OEuvres complètes*, liv. XXV, chap. XLII.

au chapitre suivant pour ce qui regarde l'imitation des eaux minérales, de sorte qu'il ne nous reste qu'à parler, en peu de mots, des autres bains composés.

L'*iode* et les préparations *iodurées*, mêlés au bain, ont été beaucoup préconisés dans le traitement des affections scrofuleuses. Outre les effets généraux qui résultent de l'emploi de l'iode, ces bains produisent à la peau une excitation qui peut être très-avantageuse, et nous pensons que, dans beaucoup de cas, cette manière d'administrer ce médicament doit être préférée à toute autre.

Une solution de *quatre à trente grammes* de *deuto-chlorure de mercure* dans un bain, remplace avec avantage les préparations mercurielles à l'intérieur, dans le traitement de la syphilis, surtout pour les accidents consécutifs. Nous avons été témoin nous même des heureux résultats de cette méthode, qui met à l'abri d'une partie des ravages que le mercure exerce sur l'économie, ravages souvent bien plus funestes que la maladie elle-même.

On fait dissoudre de la *gélatine* dans le bain pour produire un effet émollient ou sédatif; ce genre de préparation, qui imite la *glairine* des eaux sulfureuses, entretient le moelleux et le

satiné de la peau, et remplace les bains d'*huile*
et de *lait* qui étaient autrefois fort en usage, et
qui sont aujourd'hui presque complètement
abandonnés.

On sait que Poppée, femme de Néron, se
faisait toujours suivre, dans ses voyages, de
plusieurs centaines d'ânesses, destinées à fournir du lait pour son bain.

On rend les bains *narcotiques, calmants* ou
émollients, par la décoction de plantes jouissant
de ces propriétés. Les plantes aromatiques et les
labiées en général leur impriment au contraire
une vertu excitante.

Nous ne dirons rien des bains de sang chaud,
de marc d'olives, de marc de raisin, etc., complètement abandonnés de nos jours.

BAINS DE VAPEUR.

L'usage des *bains de vapeur* nous vient des
anciens : nous avons vu à quel degré de raffine-
ment ils avaient été portés chez les Romains ;
les Orientaux ont hérité de cette méthode et nous
l'ont transmise. Elle est aussi très-pratiquée chez
les peuples du Nord : dans ces pays, les fonctions de la peau, contrariées par le froid, s'exer-

cent difficilement, et rendent l'usage de ces bains
presque indispensable. Ils sont beaucoup plus
négligés chez nous, où on ne les emploie presque jamais que comme moyen thérapeutique.

Ces bains se prennent dans des étuves cons-
truites à peu près sur le modèle des bains Russes
dont nous avons donné la description. C'est une
chambre construite en maçonnerie et voûtée,
dans laquelle la vapeur pénètre par un tuyau.
Tout au tour sont des gradins disposés en am-
phithéâtre. Les malades commencent d'abord par
s'asseoir sur les gradins inférieurs, et s'élèvent
ensuite successivement vers le sommet, où la
vapeur est plus chaude. Ces étuves ne se trouvent guère que dans les hôpitaux ou dans quelques établissements d'eaux thermales. On se
sert, à leur défaut, d'une boîte cubique, en bois,
qui reçoit la vapeur par un tuyau, et dans laquelle on fait asseoir le malade, dont la tête sort
par une ouverture pratiquée à la partie supérieure. Les malades peuvent encore prendre le
bain de vapeur dans leur lit, à l'aide d'un procédé très-simple, qui consiste à faire passer sous
les couvertures, relevées par un cerceau, un
tube qui communique avec le couvercle d'une
bouilloire placée sur un réchaud, à côté du lit.

Le bain de vapeur doit être modérément chauffé

au début, et, plus tard, on en augmente graduellement la température. Nous ferons remarquer, à ce propos, qu'une haute température est
plus facilement tolérée dans la vapeur que dans
un liquide ; ainsi, on reste très-bien dans une
étuve humide chauffée à 50 et même à 56° c.,
tandis qu'il serait impossible de supporter l'eau
à une pareille température. On peut encore élever la température de la vapeur sèche bien au-
dessus de celle de la vapeur humide.

En entrant dans le bain de vapeur, on éprouve
d'abord une sensation de chaleur pénible, et la
poitrine est oppressée ; mais bientôt on s'habitue
à ce milieu, qui finit même par paraître très-
agréable ; la respiration est plus calme, le pouls
s'accélère, la peau devient rouge, elle est sillon-
née de veines tuméfiées ; bientôt une sueur abondante ruisselle de tout le corps. La durée de ce
bain doit être, en commençant, de dix minutes
à un quart d'heure ; plus tard, on finit par y res-
ter jusqu'à une demi-heure ; mais il serait imprudent de dépasser ce terme, ce serait s'exposer à des accidents graves, tels que la céphalalgie, la syncope, ou même l'apoplexie.

En sortant de l'étuve, il sera bon, après s'ê-
tre bien essuyé, de se mettre dans un lit, de
prendre un bouillon, une tasse de lait ou de cho-

colat, et de continuer de suer en s'abandonnant au sommeil, qui vient alors très-facilement.

Les bains de vapeur excitent vivement la peau, déterminent une transpiration abondante, et produisent une action dérivative. Leur effet salutaire est incontestable dans les douleurs rhumatismales, dans les raideurs des articulations, dans les fièvres éruptives, les affections cutanées, telles que le psoriasis, la lèpre, la gale; dans les affections syphilitiques anciennes, accompagnées d'éruptions, les affections chroniques des viscères abdominaux, etc. Chaussier les a employés avec succès dans les douleurs qui surviennent après les couches. L'ébranlement qu'ils impriment à tout le système, peut être mis à profit dans ces maladies chroniques obscures, à caractères douteux, qui ne se signalent par la lésion d'aucun organe, et contre lesquelles ont échoué toutes les ressources de la médecine.

Nous renvoyons, du reste, au savant ouvrage de M. Rapou, pour le détail de toutes les affections dans lesquelles on peut réclamer leur secours.

Les bains de vapeur ont été jusqu'ici trop négligés chez nous, et nous croyons, pour notre compte, qu'ils peuvent suppléer avec avantage les bains chauds, dans la plupart des cas où ceux-ci sont employés. Si on les accompagnait surtout de quelques pratiques auxiliaires, telles que *les frictions, le massage, les affusions* d'eau froide sur le corps en sueur, nous sommes persuadé qu'on augmenterait ainsi considérablement leur effet, et qu'on en ferait un des plus puissants agents thérapeutiques.

On ne les prescrira pas aux tempéraments faibles ou délicats, aux organisations trop impressionnables, aux personnes qui sont atteintes de maladies de poitrine ou qui sont prédisposées à l'apoplexie.

DES DOUCHES.

On entend par *douches*, un jet continu de liquide ou de vapeur, dirigé contre une partie quelconque du corps. La douche s'administre à l'aide d'un réservoir plus ou moins élevé, à la partie inférieure duquel est adopté un tuyau flexible, en cuir, que l'on ferme à volonté par un robinet, et terminé par un ajustage auquel on visse des bouts de différente grandeur ou de différente forme, selon la forme ou le volume que l'on veut donner à la douche (à orifice double, en pomme d'arrosoir), etc.

La douche est dite *perpendiculaire* ou *descendante*, lorsque le liquide est dirigé perpendiculairement de haut en bas ; *latérale*, lorsqu'il est dirigé latéralement ; *parabolique*, lorsque, après avoir été lancé horizontalement, il retombe par son propre poids, en décrivant une parabole ; *ascendante*, lorsque le courant est dirigé de bas en haut ; enfin, *écossaise*, ou sous forme de pluie.

L'action de la douche résulte : de sa température, de la force plus ou moins grande avec laquelle le jet vient frapper la partie malade, de sa direction, enfin des principes que l'eau tient en dissolution. Cette action sera d'autant plus intense que la chûte sera plus élevée, le diamètre du tuyau plus grand, le courant plus rapide. Il faut donc, pour varier cette intensité selon les divers effets que l'on veut produire, pouvoir élever ou abaisser le réservoir à volonté, ou avoir plusieurs réservoirs placés à différentes hauteurs (d'un mètre à dix mètres et au-delà).

Pour donner la douche, on place le malade dans une baignoire, si la douche est chaude, et alors l'eau sert de bain, après la chûte. Si, au contraire, elle est froide, on isole la partie sur laquelle on l'applique, afin d'empêcher le contact de l'eau avec les parties voisines. L'effet de la douche, qu'elle soit froide ou chaude, est stimulant. Elle augmente l'action vitale de la partie qui y est soumise, elle détermine un ébranlement particulier du système nerveux, une sensation profonde qui opère une perturbation, et dont on tire parti pour le traitement de plusieurs affections. On y a recours avec avantage dans les cas de fausses ankyloses, de rhumatismes chroniques, de lumbago, de paralysies locales, d'engorgements articulaires, de tumeurs blanches non compliquées d'inflammation ; de maladies cutanées, d'affections chroniques des viscères abdominaux ; pour rappeler le flux menstruel ou hémorroïdal, etc. On doit l'administrer avec les plus grands ménagements sur la tête, dans la crainte de produire un ébranlement cérébral ou une inflammation des organes céphaliques. On a vu des méningites violents succéder à l'emploi inconsidéré d'une douche sur cette partie. Aussi nous pensons, avec plusieurs auteurs recommandables, qu'on a accordé à ce moyen une confiance trop aveugle et trop illimitée, dans le traitement de la folie.

Administrées d'une manière générale, sur toute la surface du corps, les douches stimulent l'action des organes, activent les fonctions et produisent une réaction générale des plus favorables, dans les cas de faiblesse ou d'atonie.

« Dans l'épuisement qui est la suite de l'excès
» des plaisirs vénériens, dit M. Patissier, la dou-
» che est le plus sûr moyen de restituer à l'écono-
» mie une vigueur dépensée avant l'âge ».

La douche ascendante produit une espèce d'in-
jection que l'on dirige particulièrement sur le
rectum, dans le vagin, sur le col de l'utérus.
Dans ce cas, le tuyau, terminé par un bout à
très-petite ouverture, est dirigé de bas en haut,
très-près de la partie à laquelle on veut appliquer
la douche. On l'emploie avec succès contre les
constipations opiniâtres, la leucorrhée, les affections chroniques du vagin, de l'utérus ou de
la vessie. La faiblesse du courant, l'exiguité du
jet, donnent à la douche ascendante une manière d'agir toute particulière, qui ne peut produire ses effets qu'à la longue, par une action
prolongée et souvent répétée.

Nous venons de voir les puissants moyens
de curation que les douches fournissent à l'art
de guérir; mais ces moyens doivent être dirigés
avec intelligence et discernement, pour produire
de bons effets. On n'administrera pas, dès le
début, la douche avec toute son intensité, mais
on augmentera graduellement la température du
liquide, la vitesse du courant, le volume du jet,
la hauteur de la chûte, la durée de l'opération,

qui, dans tous les cas, ne devra jamais dépasser un quart d'heure ou vingt minutes. Enfin on suspendra, s'il y a lieu, l'usage de la douche pendant quelque temps, pour recommencer ensuite. On s'en abstiendra chez les sujets menacés de pléthore, de congestions sanguines, disposés à l'éréthisme nerveux ; dans les phlegmasies aigües et pendant l'époque du flux menstruel ou hémorroïdal, dont elle pourrait arrêter le cours.

Grâce à un appareil fumigatoire fort ingénieux, dont la médecine est redevable à M. Rapou, *les douches de vapeur* sont devenues d'un usage facile. A l'aide de cet appareil, on peut accélérer ou ralentir à volonté la vitesse de la vapeur, de même qu'on peut en varier la température, depuis celle des bains de vapeur ordinaires jusqu'à la cautérisation. On conçoit l'avantage que la thérapeutique peut retirer d'un moyen aussi énergique, dans le traitement de certaines affections locales.

DES AFFUSIONS.

Les affusions se pratiquent en versant sur tout le corps ou sur une partie, une certaine quantité d'eau. Elles diffèrent de la douche, en ce que l'eau est ici versée en nappe, à l'aide d'un vase à large ouverture, placé à quelques pouces seulement au-dessus de la partie que l'on affuse. Les affusions se donnent toujours avec une eau plus ou moins froide, de 15 à 25° c.; leur durée varie de dix à quinze minutes.

Les affusions froides déterminent une impression vive, une sorte de saisissement, comme celui que produisent la douche ou l'immersion subite. L'effet de l'affusion résulte à la fois, et de la soustraction de calorique, causée par le contact d'un liquide dont la température est au-dessus de celle du corps, et de la pression, de la percussion du liquide tombant avec son propre poids. Les affusions froides, appliquées d'une manière convenable, sont suivies d'une réaction vitale très-énergique; leur effet est à la fois tonique et sédatif. Un médecin allemand, le docteur Reuss, a écrit un Mémoire fort intéressant, dans lequel il signale les nombreux avantages que la médecine peut retirer de ce moyen. Il prétend que, répétées plusieurs fois par jour, c'est l'agent le plus puissant qu'on puisse opposer aux maladies aiguës, particulièrement aux fièvres typhoïdes graves, accompagnées de côma, de délire, de soubresauts des tendons. Elles sont encore d'un grand secours dans l'arachnitis, l'hy-

drocéphale aiguë et la plupart des maladies de
l'encéphale. Dans les pays chauds, elles sont
généralement employées contre les éruptions
cutanées, telles que la rougeole, la scarlatine.
M. Récamier en a obtenu d'excellents résultats
dans les contractions, les débilités musculaires,
les gastrodynies.

Chez les organisations débiles, lorsque le frisson persiste, que la réaction se fait trop attendre ou ne s'opère que d'une manière incomplète,
il faut renoncer à ce moyen.

Nous avons vu, dans des cas de contusions
graves, de luxation, de fracture, des affusions
froides, longtemps prolongées, une sorte d'irri-
gation continue, pratiquée sur le membre malade, empêcher le gonflement.

COUP-D'ŒIL SUR LA MÉTHODE
HYDROPATIQUE.

Avant de terminer ce chapitre, il nous reste à
dire quelques mots de l'*hydropathie* ou *hydrothérapie*, ou *hydrosudopathie*. Cette méthode,
qui a pris récemment naissance en Allemagne,
se propose de guérir à peu près toutes les maladies par l'eau froide. C'est un paysan Silésien,

Priesnitz, qui l'a inventée, et il a fondé, à Grœfenberg, un vaste établissement où il traite lui-même les malades d'après sa méthode. Bientôt cette méthode s'est répandue dans toute l'Allemagne ; des établissements semblables à celui de Grœfenberg ont été fondés, et aujourd'hui on en trouve à peu près dans tous les états de l'Europe.

Voici comment on y procède :

Le malade se lève entre quatre et cinq heures du matin et se rend dans un cabinet de bain : là, on le fait étendre, entièrement nu, sur un drap mouillé et convenablement exprimé, au-dessous duquel se trouve une couverture de laine. On roule autour de son corps, d'abord le drap, puis la couverture. On relève et on replie sur les jambes l'extrémité inférieure qui dépasse, et il se trouve ainsi emmaillotté, de telle sorte qu'il ne lui reste que la tête de libre. Si la première couverture ne suffit pas, on en ajoute une seconde, ou bien on met un édredon par dessus. Bientôt il survient une sueur abondante, et la face en est inondée. Quelquefois on l'arrête dès son début, d'autres fois on la prolonge pendant plusieurs heures, et on l'entretient en faisant prendre au malade, de quart en quart d'heure, un demi-verre d'eau froide.

Lorsqu'on juge qu'il a assez transpiré, on le démaillotte, et il court se plonger dans une cuve ou un réservoir d'eau froide. Là, il s'agite, se frictionne, plonge la tête dans l'eau à plusieurs reprises et nage même, si l'espace le lui permet. La durée de ce bain varie d'une minute à cinq minutes au plus. Dans quelques circonstances, on met les malades dans une baignoire vide et on leur verse sur le corps plusieurs sceaux d'eau froide. Ceux qui éprouvent une répugnance invincible à se plonger dans l'eau froide sont enveloppés tout suants dans un drap mouillé avec lequel on les frictionne.

Au sortir du bain, le malade est soigneusement essuyé avec du linge sec ; puis il s'habille chaudement et va au grand air, faire une promenade ou se livrer à des exercices gymnastiques poussés jusqu'à la fatigue, et pendant lesquels il continue de boire de l'eau froide.

Cette manœuvre de l'emmaillottement est répétée une ou deux fois par jour, selon les cas, et quelquefois on la seconde par des affusions, des douches de toute espèce, des compresses mouillées, des bains locaux, des injections ; le tout à l'eau froide.

Le régime, dans ces établissements, est très-frugal : le déjeuner et le souper se composent

de laitage, de beurre frais, de fruits; au diner,
des viandes blanches, rôties ou bouillies, des
légumes, des fruits. On n'y boit que de l'eau.
Le vin, le café, le thé, les épices sont complètement interdits. Du reste, il est recommandé
aux malades de manger abondamment, et ils
ne manquent pas de se conformer à cette pres-
cription; l'on conçoit, d'ailleurs, que les pertes
occasionnées par les sueurs, jointes à l'exercice
et à l'air vif qu'on respire, doivent exciter l'appétit et favoriser la digestion.

Ce traitement agit comme moyen dépuratif,
par la transpiration abondante qu'il provoque;
comme révulsif, comme sédatif, comme excitant et tonique, et il paraît très-efficace dans les
cas de goutte, de gravelle, de rhumatisme; dans
les engorgements des viscères abdominaux, les
hémorroïdes; dans la syphilis, les vieux ulcères,
les maladies chroniques de la peau, les tumeurs
des os, et particulièrement dans l'hypocondrie.

Telle est cette méthode qui a trouvé, à la fois,
tant de détracteurs et tant d'admirateurs enthousiastes, et à laquelle on doit, incontestablement,
des cures remarquables.

« L'Allemagne est aujourd'hui couverte d'éta-
» blissements hydrothérapiques, a dit M. le doc-
» teur Muston, et plus de quinze mille malades y

» sont traités, toutes les années, par la méthode
» de Priesnitz. » Un des plus remarquables est
celui d'Albisbrun, dirigé par M. Brunner. La
France n'a adopté que très-tard l'hydrothérapie,
cependant, on trouve aujourd'hui des établissements de cette nature à Paris, à Lyon, à Di-
jon, etc.

Certes, nous sommes loin de partager l'en-
gouement des Allemands pour l'hydrothérapie;
et, non-seulement nous croyons qu'elle n'est
pas applicable dans toutes les circonstances, mais
qu'encore, dans un très-grand nombre de cas,
elle serait nuisible; nous sommes forcé d'avouer,
cependant, qu'un traitement aussi actif, lorsqu'il
est bien indiqué et aidé par le régime, peut-être
quelquefois d'un grand secours dans l'art de
guérir, et nous connaissons, pour notre compte,
des personnes très-dignes de foi, qui nous ont
assuré lui devoir la guérison de maladies graves.

Nous avons le malheur, en France, avec notre esprit léger et routinier, d'être fort peu favorables aux nouvelles découvertes. Lorsqu'il s'en
présente quelqu'une, nous l'accueillons, d'abord,
par le mépris et par le ridicule, et nous ne l'ad-
mettons que lorsqu'il ne nous est plus permis
d'en nier l'évidence. Cela est triste et paraît éton-

3

nant, de la part d'un peuple qui a la prétention
d'être placé à la tête de la civilisation, mais c'est
cependant ainsi. Qu'on se rappelle, plutôt, ce
qui s'est passé lors de la découverte du quin-
quina, de la circulation du sang, de la vaccine,
etc. Il serait important cependant de se garder
de cet esprit de prévention : nous épargnerions
par-là de fâcheux échecs à notre amour-propre,
et nous ne priverions pas la société du bienfait
des découvertes utiles.

CHAPITRE II.

CONSIDÉRATIONS
SUR LES EAUX MINÉRALES EN GÉNÉRAL.

SOMMAIRE.

Définition des Eaux minérales; — leur histoire; — leur caractère; — leur température. — Nature de la thermalité des Eaux. — Causes de cette thermalité. — Modifications que subissent les Eaux minérales. — Méthode de classification. — Action thérapeutique des Eaux. — Indication basée sur l'analyse chimique; — sur l'expérience clinique. — Effet incontestable des Eaux. — Exportation et fabrication des Eaux minérales. — Des boues. — Des piscines. — Conseil à ceux qui prennent les Eaux. — Époque des Eaux. — Saison. — Précautions à prendre pour boire les Eaux. — Précautions pour les bains. — Du régime à suivre pendant l'usage des Eaux.

On appelle *Eaux minérales* ou *médicamenteuses*, les eaux qui sortent du sein de la terre chargées de matières qui leur communiquent des vertus précieuses pour la thérapeutique. Lorsque ces eaux sont douées d'une température supérieure

Définiti

à celle de l'eau ordinaire, on les appelle aussi *thermales*. On donne encore le nom d'*Eaux thermales simples*, à celles qui ne se distinguent que par ce dernier caractère.

Ce fut le hasard qui révéla d'abord la puissance des eaux minérales. Les premiers malades qui y avaient trouvé la santé engagèrent d'autres malades à en faire usage; les guérisons se multiplièrent, et c'est ainsi que leur renommée a traversé les âges, par une suite de succès non interrompus.

Dès la plus haute antiquité, les Grecs connaissaient déjà les sources d'eaux minérales, et les regardaient comme un bienfait de la divinité. Hippocrate, Aristote et plusieurs autres auteurs en font mention dans leurs ouvrages, et signalent les services qu'elles rendaient dans plusieurs maladies. Les Romains faisaient aussi un grand usage de ces eaux, et le golfe de Naples, où elles se trouvent en abondance, était devenu le rendez-vous de tous les hauts personnages de l'Italie; de même que, de nos jours, nous voyons, en France, le beau monde déserter nos villes pour aller passer *la saison* à Bagnères ou à Vichy. Partout où s'étendit la domination romaine, les sources minérales furent très-fréquentées, et, en France, on retrouve à Aix, en Provence, au Mont-d'Or, à Bourbon-l'Archambault, aux Pyrénées, etc., des traces du passage de ce peuple. Au moyen-âge, les eaux thermales furent pendant quelque temps délaissées, et tombèrent dans le domaine du charlatanisme et de la superstition qui les exploitèrent ; mais, vers le seizième siècle, lorsque la médecine sortit enfin des ténèbres de la barbarie, elles reprirent leur première importance, qui, depuis, s'est accrue chaque jour, et, grâce aux progrès de la chimie et aux nombreuses observations de médecins éclairés et consciencieux, elles occupent, aujourd'hui, une des premières places dans la thérapeutique.

C'est dans le sein de la terre, comme dans un vaste laboratoire, que s'opère la composition des eaux thermales, soit qu'elles aient enlevé pour cela les matériaux aux terrains parcourus par elles, soit qu'elles se forment lentement, par un concours continu de réactions chimiques, résultant d'une action électro-motrice ; soit enfin que, dans quelques circonstances, les volcans leur cèdent une partie des matières qu'ils élaborent dans leur sein.*

De la nature des eaux minérales.

* M. Boussingault a constaté que les gaz que l'on trouve dans

Les principes que les eaux minérales tiennent
en dissolution sont : des gaz, l'oxigène, l'azote,
l'acide carbonique, l'hydrogène sulfuré ; des acides libres, des alcalis libres ; des sels, résultat de la combinaison de ces mêmes acides et
de ces mêmes alcalis ; des sulfures alcalins ; enfin, des matières organiques de nature fort variable.

Les qualités des eaux minérales se trahissent
par leur aspect, par leur goût et par leur odeur.
Souvent elles sont limpides ; quelques-unes sont
colorées par le fer, le cuivre ou des matières organiques ; d'autres, se troublent, deviennent
louches, quelque temps après leur sortie, par
des décompositions. La saveur de ces eaux est
très-variée. Celles qui contiennent de l'acide carbonique libre, sont piquantes et produisent,
après qu'on les a bues, des éructations analogues
à celles de la bière ou du vin de Champagne ;
les eaux ferrugineuses ont un goût d'encre ; les
eaux chargées d'hydrogène sulfuré ont une odeur
et une saveur d'œufs pourris, ou plutôt d'œufs
durcis, comme le fait remarquer Anglada ; le
carbonate de soude donne une saveur alcaline ;
les sels de magnésie, une saveur amère ; enfin,

les eaux minérales qui avoisinent les volcans, sont les mêmes
que ceux que l'on retrouve dans les cratères.

les matières organiques leur impriment des caractères *sui generis* : ainsi les eaux de Baden,
de Cappone, de Carslbad, ont l'odeur et la saveur du bouillon; celles qui contiennent de la
barégine sont douées d'une onctuosité savonneuse.

Les eaux d'une même contrée ont des caractères chimiques analogues, qui les distinguent
et leur donnent, pour ainsi dire, un air de fa-
mille : ainsi, dans le Puy-de-Dôme, les sources
sont ferrugineuses et chargées d'acide carbonique; dans les Pyrénées, elles sont caractérisées,
en général, par le sulfure alcalin; à Naples, elles sont chargées à la fois d'acide carbonique et
d'hydrogène sulfuré. Cependant cette règle n'est
pas absolue, et, souvent, on trouve dans une
même localité des sources de nature très-variée;
soit qu'elles viennent d'une origine différente,
soit que, dans leur cours, elles se soient mêlées
avec d'autres eaux, ou qu'elles aient rencontré
des substances qui ne se sont pas trouvées sur
le chemin des autres. Ainsi, dans les Pyrénées,
par exemple, quoique le caractère des eaux soit,
comme nous l'avons déjà dit, sulfureux, cependant, on y retrouve, en moins grande quantité,
il est vrai, toutes les variétés d'eaux minérales
que l'on observe ailleurs.

Thermalité.　　Un des phénomènes les plus remarquables des
eaux minérales, c'est, sans contredit, leur température, et c'est aussi un de ceux qui ont le plus
attiré l'attention des géologues. Ainsi, tandis que
quelques-unes présentent un degré thermométri-
que à peu près égal à celui de l'atmosphère, d'autres sont tièdes, d'autres à la température des
bains, d'autres, enfin, s'élèvent jusqu'à l'ébullition. La plupart des médecins pensent que le
calorique des eaux thermales n'est pas de la
même nature que celui que nous communiquons
par le feu à l'eau ordinaire, mais qu'il en diffère, tant par son essence que par sa manière
d'agir sur l'économie. Nous sommes assez disposé à partager cette opinion, malgré les expériences de MM. Anglada, Gendron et plusieurs
autres chimistes, qui tendraient à prouver qu'il
n'y a rien de particulier dans la coléfaction de
ces eaux. « Notre opinion est, dit M. Patissier,
» que le calorique de ces eaux se trouve dans
» un état tout particulier de combinaison qui
» imprime certainement à nos organes une
» action spéciale, laquelle n'existe pas moins,
» quoiqu'elle échappe aux explications des sa-
» vants, quels que soient leurs talents et la
» précision de leurs instruments. Il y a dans
» les eaux comme dans l'air, un *je ne sais*

» *quoi* qui se dérobe aux recherches des chi-
» mistes. »*

Ainsi donc, sans nous arrêter ici à ces asser-
tions établies par la tradition, accréditées parmi
le vulgaire, et plus ou moins démenties par l'expérience ; à savoir : que l'eau thermale se refroi-
dit plus lentement et s'échauffe plus difficilement
que l'eau ordinaire ; qu'on la supporte, en boisson ou en bain, à une température bien plus
élevée que l'eau chauffée d'une manière artificielle ; que les sources qui donnent 70° c., loin
de cuire les végétaux ou les fleurs, leur communiquent un nouvel éclat et une nouvelle fraîcheur, ce qui n'existerait pas pour l'eau commune, etc., etc.; sans donner à tous ces préjugés
plus de valeur qu'ils n'en méritent, nous croyons
cependant, avec Fodéré et plusieurs autres savants, que le calorique des eaux thermales diffère essentiellement de celui que nous dévelop-
pons par la combustion. Cette thermalité est
inhérente à la nature des eaux : elle résulte de
la combinaison de leurs divers principes et constitue leur manière d'être ; elle leur communique,
enfin, une certaine vitalité qui agit d'une manière toute spéciale sur nos organes, et qui n'en

---

*PATISSIER, *Manuel des Eaux minérales.*

existe pas moins, quoique la chimie soit incapable de la saisir.

Nous croyons qu'il serait important, pour éclaircir cette question, d'observer les effets que produit sur l'économie l'eau thermale simple, prise, tant en bains qu'en boissons, et de les comparer à ceux de l'eau ordinaire, chauffée à la même température. De pareilles observations, bien dirigées, pourraient jeter un grand jour dans la discussion. Nous ne sachons pas que ces expériences aient jamais été tentées, et nous les soumettons à l'attention des médecins qui se trouvent à portée de les faire. On a déjà observé, et cette remarque, si elle est bien constatée, sera de la plus haute importance ; on a observé, disons-nous, que certaines eaux thermales, transportées loin de leur source, pouvaient reprendre leurs propriétés primitives, lorsque, au lieu de les chauffer au bain-marie, comme cela se pratique ordinairement, on les chauffait en les plongeant dans une autre source thermale. « Cette expérience, ajoute M. Guer-
» sent, à qui nous empruntons ce fait, ayant
» été répétée deux années de suite, sur les
» mêmes malades, et toujours avec le même
» succès, mérite de fixer l'attention, par rap-
» port aux avantages qu'on pourrait en retirer

» pour l'emploi combiné de plusieurs espèces
» d'eaux minérales entre elles ; et, sous d'autres
» rapports, elle doit nous tenir en garde sur
» les conséquences qu'on peut tirer des expé-
» riences purement physiques, faites sur la cha-
» leur naturelle des eaux thermales ; car les ef-
» féts physiologiques dont nous venons de parler
» sembleraient indiquer que l'action du calorique
» naturel et celle du calorique factice ne sont
» pas absolument les mêmes sur nos organes.
» Quoi qu'il en soit, c'est sans doute à la com-
» binaison particulière du calorique et de l'é-
» lectricité, et, peut-être aussi, à l'existence
» cachée de quelques principes que l'analyse
» chimique n'a pas encore saisi, que sont dues
» les différences remarquables entre les pro-
» priétés de telles ou telles sources qui offrent,
» chimiquement, les mêmes principes, et pres-
» que dans la même proportion. » *

Plusieurs théories ont été successivement pré-
sentées pour expliquer la chaleur des eaux thermales, et toutes ont donné lieu à de vives contro-
verses. Nous allons les passer rapidement en
revue :

---

* GUERSENT, *Dictionnaire de Médecine*, tome XI, pag. 94,
article : *Eaux minérales.*

1° D'abord on l'a attribuée au voisinage des volcans. Il est incontestable, en effet, que les phénomènes volcaniques exercent une certaine influence sur la température des eaux thermales. Les habitants des environs de Naples prédisent, plusieurs jours à l'avance, une éruption du Vésuve, par l'augmentation de température des eaux qui l'avoisinent. On a même prétendu que les volcans éteints depuis plusieurs siècles pouvaient encore continuer de produire ces effets de caléfaction. Cette théorie a été puissamment appuyée par l'autorité de l'illustre Berzelins, qui établit son opinion sur l'examen comparatif des eaux de l'Auvergne et de la Bohême, deux pays d'origine incontestablement volcanique, et où ces eaux se trouvent en grande abondance.

2° Une opinion qui réunit encore beaucoup de partisans, c'est celle qui attribue au calorique central de la terre la thermalité des eaux. On sait, en effet, que la température s'élève d'une manière régulière, à mesure qu'on se rapproche du centre du Globe (1 degré pour 30 à 40 mètres); de telle sorte qu'on peut prédire d'avance quelle sera la température d'un puits que l'on creuse à plusieurs centaines de mètres; comme cela à eu lieu, en effet, pour le puits de

Grenelle. M. Boussingault a fait, à ce sujet, des observations très-intéressantes. Il a remarqué que la température des sources thermales du littoral de Venezuela était d'autant moins élevée, qu'elles sont moins profondes : ainsi, que la source d'*Onalo*, à 702 mètres au-dessus du niveau de la mer, présentait 44° 5 c. ; que celle de *Mariana*, à 476 mètres, présentait 64° c., et qu'enfin celle de *las Trincheras*, presque au niveau de la mer, présentait 97° c. Il est donc incontestable que cette loi agit sur la température de certaines sources, et que, par conséquent, elle doit être d'un grand poids dans la question qui nous occupe.

3° On a assayé encore de rendre raison de la chaleur des eaux thermales, en l'attribuant à certaines combinaisons chimiques qui s'opéreraient dans leur sein. Il est établi, en effet, que la nature des ingrédiens entraînés par ces eaux n'est pas étrangère à leur caractère de thermalité. Ainsi, les eaux sulfureuses, par exemple, sont le plus constamment chaudes. « Il me pa- » raît très-vraisemblable, dit Berzelins, que la » chaleur et la propriété des substances dissou- » tes sont essentiellement liées entre elles, de » sorte qu'on ne pourra séparer l'explication des » phénomènes de température des hypothèses

4

» relatives à l'origine des parties constituantes
» du liquide. »

4° Enfin, on a invoqué l'intervention d'une action électro-motrice pour expliquer cette thermalité, et ce genre d'explication paraît d'autant
plus légitime, que la plupart des changements
qui surviennent dans la température des sources, semblent coïncider avec des orages ou des
tremblements de terre, et se placer par conséquent sous la dépendance de l'électricitité. Ainsi
on a remarqué que certaines sources thermales semblaient bouillonner pendant les orages,
et que leur température s'élevait sensiblement.
Les eaux dé Bagnères de Bigorre perdirent leur
chaleur, en 1660, à la suite d'un tremblement
de terre ; et celles d'Aix, en Savoie, à l'époque
du tremblement de terre de Lisbonne. Les
exemples de ce genre sont très-fréquents.

Après tant de noms illustres et si justement
recommandables, qui se sont occupés de cette
question, ce n'est qu'avec la plus grande réserve
et la plus profonde humilité que nous osons ha-
sarder une observation. Nous dirons, cependant,
que, de toutes les théories que nous venons
d'exposer, la dernière nous paraît la meilleure,
ou plutôt nous croyons qu'elle résume toutes les
autres. En effet, les volcans, le calorique cen-

tral ou les combinaisons chimiques ne sont-ils pas, comme les orages et les tremblements de terre, sous la dépendance de l'électricité, de ce puissant moteur dont l'action se révèle partout, et qui préside à tous les grands phénomènes de notre globe, depuis les régions les plus élevées de l'air, jusqu'aux entrailles de la terre? Nous soumettons cette question aux savants, persuadé qu'elle est digne de leur profonde méditation.

Les eaux minérales se font assez généralement remarquer par la constance des caractères qu'elles présentent depuis plusieurs siècles ; tels que le volume, la composition chimique, la température. Ainsi, les bains des environs de Naples étaient déjà très-suivis du temps des Romains. Il en était de même des eaux du Vernet, d'Arles dans les Pyrénées, d'Aix en Provence, etc. Nous avons vu, cependant, que des secousses violentes, telles que les orages ou les tremblements de terre, modifiaient considérablement la température des eaux ; ces mêmes causes agissent aussi quelquefois sur leur composition, sur leur quantité, sur leur action médicale. Ainsi, l'eau de Spa est plus active dans les temps chauds ; la source de la Reinette, aux eaux de Forges, se trouble et devient bourbeuse, quel-

[Modification que subissent le eaux minérales

que temps avant les orages, de sorte que les habitants du pays la consultent comme un baromè-
tre infaillible; l'eau de la Charbonnière, près de
Lyon, est moins ferrugineuse pendant les chaleurs. Certaines sources présentent, sans cause
apparente, des phénomènes d'intermittence plus
ou moins régulière. Quelquefois cette intermittence n'est que de quelques minutes, d'autres
fois elle dure des heures, des jours ou même des
années. Parmi les exemples les plus remarquables de ce phénomène, nous citerons la source
de Geyser, en Islande, qui jaillit, par temps, à
une hauteur de quarante mètres. Cette source
est très-abondante; sa température est de 95
à 100 degrés. La durée des intermittences et l'intervalle qui les sépare sont très-variables. Ces
intermittences proviennent, très-probablement,
du dégagement de gaz qui s'opère dans les réservoirs où les eaux sont contenues. Ces gaz, lorsqu'ils sont en quantité suffisante, compriment
l'eau, par leur force d'expansion, et la refoulent
avec violence. Il est encore certaines eaux qui
paraissent éprouver des changements lents et
continus : ainsi, les eaux des Pyrénées-Orientales
auraient-sensiblement perdu de leur températu-
ture, s'il faut en croire les expériences de M. Anglada, depuis 1754, époque à laquelle Carrère en

fit l'analyse. Il en est de même des eaux de Néris. Les sources du Gabian (Hérault) s'épuisent
toujours, et fournissent beaucoup moins de bi-
tume qu'autrefois.

On a présenté plusieurs méthodes pour la clas- Classification.
sification des eaux minérales. M. Broguiart en a
établi une fort ingénieuse, basée sur la nature
des terrains qui fournissaient ces eaux ; mais,
outre que cette méthode est fort incertaine et
purement conjecturale, nous la rejetons, parce
qu'elle n'est nullement médicale.

D'autres ont proposé une classification basée
sur la température : ils ont divisé les eaux en
froides, *tièdes* et *chaudes*. Cette méthode est encore défectueuse à nos yeux, parce qu'elle repose
sur un phénomène très-variable, et, de plus,
tout-à-fait secondaire dans la thérapeutique.

Nous préférons la méthode fondée sur les
principaux caractères des matières que les eaux
tiennent en dissolution, en ayant égard, toutefois, aux propriétés principales que ces matières
donnent aux eaux, plutôt qu'à leur quantité.
Tout en reconnaissant l'imperfection de cette
méthode qui nous laisse souvent dans l'embarras
sur la place que doivent occuper certaines eaux,
à cause des propriétés mixtes qui les caractéri-

sent, c'est cependant celle que nous choisissons de préférence, parce qu'elle est plus rationnelle, plus pratique, et qu'elle se rattache mieux au but de notre travail.

D'accord avec la plupart des médecins qui se sont occupés de l'étude des eaux minérales, nous diviserons donc ces eaux en quatre classes :

1° *Les Eaux sulfureuses*, ce sont celles de Baréges, Saint-Sauveur, Cauterets, Bonnes et la plupart des sources des Pyrénées ;

2° *Les Eaux acidules*, Vichy, Mont-d'Or, Seltz, Ussat, etc. ;

3° *Les Eaux ferrugineuses*, Forges, Passé, Spa, Castera-Verduzan, Casteljaloux, etc. ;

4° *Les Eaux salines*, Bagnères de Bigorre, Dax, Barbotan, l'eau de la mer, etc.

Nous traiterons, dans le chapitre suivant, des caractères propres à ces quatre classes.

ACTION THÉRAPEUTIQUE DES EAUX MINÉRALES.

J'aborde enfin le côté médical de mon sujet. Les eaux minérales sont administrées en bains, en boissons, en douches, en vapeur, sous une ou plusieurs de ces formes à la fois. Mais, dans tous les cas, une expérience éclairée doit présider au choix des eaux et des moyens de les administrer, et on doit surveiller avec attention les effets qu'elles produisent sur l'économie.

Quelques médecins enthousiastes, frappés des merveilleux effets thérapeutiques que les eaux produisent dans certains cas, lorsqu'ils n'étaient pas guidés par des motifs moins honorables, ont voulu voir en elles une panacée universelle. Toute la matière médicale se résumait, selon eux, dans ces sources bienfaisantes et miraculeuses, et ils les ont prescrites dans tous les cas, sans mesure et sans discernement, ce qui les a exposé, plus tard, à de fâcheux mécomptes. Il faut bien se garder d'un excès aussi aveugle et aussi dangereux. Si les eaux minérales sont un puissant moyen médical dans certaines maladies, souvent aussi leur usage peut être suivi des résultats les plus funestes. Le médecin devra donc s'appliquer à étudier les effets thérapeutiques des eaux minérales, afin de bien établir la différence des cas dans lesquels elles pourront être utiles, de ceux dans lesquels elles sont contre-indiquées. Il devra aussi connaître les vertus particulières des différentes eaux, afin de pouvoir faire un choix éclairé dans leur application.

Il suffit, en effet, de jeter un coup-d'œil sur les variétés infinies de composition et de manière d'être des eaux minérales, pour juger de la diversité de leurs propriétés médicales. Il ne faut pas croire, cependant, que la connaissance chimique des eaux nous révèle, d'une manière certaine, celle de leurs vertus. Ce serait tomber dans une erreur capitale. Rien de plus incertain, au contraire; et, parmi les eaux qui paraissent offrir des résultats à peu près semblables, à l'analyse, il en est qui présentent des propriétés médicales très-différentes, tandis que d'autres, qui offrent les résultats chimiques les plus opposés, présentent cependant les mêmes propriétés thérapeutiques. Cela vient de ce que ces eaux sont douées de qualités occultes, d'une certaine vitalité qui préside à leur loi de formation, et qui échappera probablement toujours à l'investigation chimique.

Et d'ailleurs, pour ne parler qu'au point de vue de la chimie, connaît-on exactement la nature et la quantité de tous les éléments qui se trouvent dans les eaux minérales? N'est-on pas forcé d'avouer l'impuissance de reproduire certains de leurs composés ou d'apprécier avec exactitude la manière dont les éléments salins sont combinés entre eux? En outre, les moyens d'analyse que l'on emploie, le feu, les réactifs, ne modifient-ils pas, n'altèrent-ils pas la loi des affinités chimiques; de telle sorte qu'après l'analyse, on ne retrouve plus les véritables éléments de ces eaux? Enfin, ne pourra-t-on pas découvrir plus tard, dans leur composition, de nouveaux principes inconnus encore, de même qu'on y a découvert depuis peu, l'*iode*, le *brome* dont on n'y avait pas d'abord soupçonné la présence? Et puis il se trouve, dans la composition de ces eaux, des matières pseudo-organiques qu'il est impossible à l'art d'analyser, et qui sont cependant d'un grand poids dans l'appréciation de leurs effets thérapeutiques; tels que, les bitumes, les résines, les glaires, les matières extractives huileuses, azotées, etc.

Certes, la chimie n'a pas encore dit sont dernier mot, et elle est sans doute destinée à faire encore de grands progrès; mais nous pensons cependant que ce n'est pas à elle qu'il appartient de découvrir le secret de ces affinités vitales, de ces rapports sympathiques qui existent entre les eaux minérales et nos organes, et qui modifient si puissamment notre constitution, pas plus que l'anatomiste ne découvrira sur un cadavre les mystères de la vie. Cette découverte, si jamais elle se réalise, est réservée à l'étude

des relations des eaux avec la nature vivante et
des phénomènes qui en sont la conséquence;
étude que nous pourrions appeler, la *Physiologie des Eaux minérales.*

Nous possédons des analyses savantes, faites
par Longchamp, Anglada, Vauquelin et plusieurs
autres chimistes distingués. Que nous ont appris ces analyses sur les vertus médicales des
eaux minérales? Rien, ou presque rien; et nous
sommes obligés de recourir, comme avant, à
l'observation, et de consulter les résultats fournis par l'expérience clinique. Ce sont encore là
les guides les plus sûrs que nous ayons, pour
nous diriger dans le choix et dans l'administration des eaux. Ainsi, pour ne parler que d'une
seule classe d'eaux, et dans une même localité,
parmi les eaux sulfureuses des Pyrénées, par
exemple, les unes sont particulièrement salutaires dans les affections chroniques de la poitrine,
ce sont celles de Bonnes, de Cauterets, de Bagnères de Luchon; les autres, pour les plaies
d'armes à feu, Baréges, Ax, Bains-près-d'Arles;
celles-ci, pour les affections cutanées anciennes, Baréges, Bagnères de Luchon, Molitg, etc.
Il ne sera donc pas indifférent de choisir au hasard telles ou telles eaux, quelles que soient les
maladies auxquelles on a affaire, et le médecin

devra connaître parfaitement leurs diverses spécialités, pour en faire une heureuse application.
— Il devra, de plus, dans les maladies de même
nature, observer leur action sur les divers individus, afin de combiner la manière de les administrer, la durée ou la température du bain, la
quantité d'eau qui doit être bue, selon l'idiosyncrasie ou la susceptibilité des malades. En effet,
telle source qui conviendra très-bien aux uns,
produira sur les autres de la fièvre, de l'irritation
ou d'autres désordres qui forceront à en suspendre l'usage, ou même à y renoncer complètement ; tel sujet se trouvera très-bien du bain
chaud, tandis que tel autre ne pourra supporter
que le bain frais ; celui-ci boira impunément plusieurs verres d'eau minérale pure, par jour, lorsque celui-là ne devra en boire qu'un verre, coupé
avec du lait ou de l'orgeat, etc. Ce n'est qu'en
tenant un compte exact de ces divers effets, qu'on
aura le droit d'attendre des eaux tous les bons
résultats qu'elles sont susceptibles de produire.

Prises en bain ou en boisson, les eaux minérales, quelles que soient, du reste, les différences de leurs propriétés physiques ou chimiques, qu'elles soient chaudes ou froides,
sulfureuses, acidules, salines ou ferrugineuses,
agissent cependant toutes d'une manière à peu

près analogue, c'est-à-dire qu'elles sont toniques et excitantes, ce qui les rend également précieuses à l'hygiène et à la thérapeutique.

Leur action se porte d'abord sur le tube digestif et sur la peau, et, de là, retentit sur tout l'organisme. Cette action se décèle, le plus souvent, par une augmentation dans les sécrétions et dans la transpiration cutanée ; elle détermine sur toute la surface tégumentaire un état de phlogose accompagné souvent d'exanthèmes, de furoncles, d'éruptions pustuleuses, que l'on désigne, dans quelques thermes, sous le nom de *poussée;* signes des efforts que fait la nature pour se débarrasser d'un principe morbifique, et que l'on doit toujours considérer comme un heureux effet des eaux. Elle imprime à l'organisme une réaction fébrile qui provoque un changement, une perturbation salutaire.

C'est par de pareils procédés que les eaux minérales modifient et régénèrent le tempérament, en éliminant les humeurs cachectiques et en mêlant au sang les principes minéraux qu'elles contiennent. Ainsi, elles rétablissent l'équilibre de la circulation, régularisent le jeu des organes et produisent sur toute l'économie une transmutation qui ramène les fonctions à leur type normal.

Cette manière d'agir convient fort aux natures

languissantes qu'elle relève et tonifie. Elle excite les tempéraments inertes ou débilités, et restitue leur ancienne énergie aux sujets délabrés par de longues maladies, épuisés par l'excès du travail, des veilles ou des plaisirs.

Mais c'est surtout dans le traitement des maladies chroniques, que les eaux minérales produisent des effets aussi merveilleux que multipliés, lorsqu'elles sont appropriées et que le traitement est convenablement dirigé. C'est dans ces affections inertes et invétérées, contre lesquelles ont échoué tous les efforts de l'art, que leur puissance se révèle avec le plus d'éclat. Alors elles ébranlent l'organisme, modifient cet état de maladie qui était devenu, pour ainsi dire, l'état normal, et le font passer, comme l'a observé le premier, Bordeu, du mode chronique au mode aigu, pour en opérer plus facilement la résolution.

Il n'en est pas de même pour les maladies aiguës, surtout quand elles sont inflammatoires; ici, l'usage des eaux, loin d'être favorable, pourrait devenir extrêmement dangereux.

Elles sont nuisibles dans les anévrismes du cœur, dans les congestions sanguines du poumon ou du cerveau; elles exposeraient, dans ces cas, à des hémoptysies ou à des apoplexies.

Elles ne conviennent pas mieux dans les affections chroniques, lorsqu'il y a de la fièvre, ou bien lorsqu'il s'opère une dégénérescence tuberculeuse ou cancéreuse. Leurs propriétés excitantes ou toniques ne feraient qu'augmenter la fièvre et hâter le travail de décomposition.

C'est pour cela que quelques médecins systématiques, qui s'obstinent à ne voir dans les maladies qu'inflammation, ont pris le parti de nier avec intrépidité les vertus des eaux minérales, parce qu'elles ne s'accommodaient pas avec leurs théories, et ils ont soutenu que leurs effets, lorsqu'ils n'étaient pas nuls, étaient nuisibles. On conviendra qu'il faut être bien aveuglé par l'esprit de doctrine et de parti, pour se refuser à une évidence aussi éclatante ; ou bien il faut n'avoir pas vu cette longue file de malades atteints de gastralgies, de rhumatismes, d'engorgements strumeux, de gravelle, de paralysie, de goutte, d'ulcères inertes, de catarrhes chroniques, de névralgies, de dartres, etc., etc., qui fréquentent chaque année, en si grand nombre, les eaux minérales, et qui s'en reviennent chez eux, après la saison, les uns guéris, les autres considérablement soulagés ! C'est, direz-vous, le voyage, les distractions, le changement d'air et de régime qui ont opéré ces guérisons ! Tout en

reconnaissant les bons effets de ces diverses
conditions, et la part qu'elles doivent prendre
dans un traitement, nous ne leur reconnaissons
pas, cependant, la faculté de guérir des maladies
telles que celles que nous venons de citer. Et
d'ailleurs, ne sait-on pas que, quoique les eaux
minérales transportées perdent beaucoup de
leurs vertus, on peut, cependant, les prendre
encore chez soi avec beaucoup de succès. « En-
» fin, dit M. Patissier, veut-on une preuve in-
» contestable de l'action puissante que les eaux
» exercent par elles-mêmes, qu'on examine leurs
» effets sur les animaux : chaque année, il ar-
» rive à Cauterets, Bonnes, Luchon, des che-
» vaux attaqués d'un commencement de pousse ;
» toutes les fois que cette maladie n'est pas le
» produit d'une lésion organique, ces chevaux,
» après avoir bu, trois semaines ou un mois,
» l'eau sulfureuse, sont reconduits parfaitement
» guéris. »

Non, les eaux minérales ne sont pas sans vertus ; la nature, qui ne fait rien en vain, en les
rendant impropres aux usages de la vie habituelle, leur a réservé une autre destination, et
cette destination, l'expérience nous l'a appris,
c'est de guérir nos maux. Dans sa sage pré-
voyance, elle les a semées en abondance sous

nos pas, et leur a réparti des qualités diverses, appropriées aux différentes maladies, en nous laissant le soin d'étudier ces propriétés, afin de les appliquer convenablement.

Il arrive quelquefois qu'on n'obtient des effets salutaires des eaux minérales qu'après avoir vu s'exaspérer les symptômes des maladies dont on était venu chercher la guérison. Ainsi des dartres, des éruptions cutanées qui paraissaient supprimées, reparaissent; les douleurs rhumatismales deviennent plus vives; les plaies s'agrandissent avant de se cicatriser; de vieilles cicatrices se rouvrent, etc. De pareils résultats effraient et découragent les malades, et il est bon qu'ils en soient prévenus afin qu'ils ne perdent pas, par trop de précipitation, le bénéfice d'un traitement qui est en bonne voie.

D'autres fois, au contraire, les eaux paraissent ne produire aucun effet, et les malades les prennent sans qu'elles leur fassent éprouver aucune impression, aucun changement notable; ce n'est que plus tard, lorsque, rentrés dans leur foyer, ils ont repris le cours de leurs habitudes régulières; ce n'est qu'alors qu'ils voient s'opérer une guérison, souvent d'autant plus sûre qu'elle est plus tardive.

La difficulté, souvent même l'impossibilité du voyage, les frais que nécessite toujours un déplacement, ont fait naître l'idée de transporter les eaux minérales auprès des malades. Mais ces eaux, une fois transportées, se trouvent changées, dénaturées ; elles se décomposent et perdent pour ainsi dire leur virginité, et, avec elle, cette force virtuelle, ce calorique vital qui en fait le caractère et qu'on ne retrouve qu'à la source. Ainsi nous avons remarqué, par exemple, que plusieurs malades, qui prenaient avec succès les eaux des Pyrénées, sur les lieux, ne pouvaient plus les supporter ailleurs. C'est ce qui a fait dire à Anglada, que, loin de la source, on n'avait plus que le *cadavre des eaux*.

Pour remédier à cet inconvénient, les chimistes sont intervenus avec un attirail d'appareils et de réactifs. Ils ont analysé les eaux avec plus ou moins de précision, et ils ont dit : nous allons vous faire des eaux minérales artificielles, aussi puissantes que les eaux naturelles, préférables même, puisque leur formation sera soumise à des lois fixes et invariables, tandis qu'il est certain que la composition des eaux naturelles varie souvent, ce qui est bien constaté par beaucoup d'entre elles, et des meilleures (Spa, Forges, Seltz). Ils se sont mis donc à l'œuvre, et

Des eaux minérales transportées et des eaux artificielles.

nous avons pu juger, par l'expérience, combien les résultats étaient loin de répondre à leurs promesses. En effet, les principes qui composent ces eaux se trouvent mêlés et combinés, par la nature, dans des conditions particulières que l'art ne saurait imiter ; et les chimistes qui affichent de pareilles prétentions, nous paraissent aussi téméraires que l'anatomiste qui, avec des muscles, des nerfs, des os et du sang, entreprendrait de reconstruire un être vivant.

La médication des eaux naturelles, prises à la source, est encore puissamment secondée par l'influence de causes hygiéniques qui coïncident avec l'action thérapeutique de ces eaux et qui ajoutent beaucoup à leur propriété. Ainsi, le voyage, le changement d'air et de climat, les distractions, la régularité du régime, contribuent pour beaucoup à leurs bons effets. Quel changement favorable, pour l'habitant des grandes villes, habitué à une vie sédentaire et laborieuse, que de se voir transporté tout-à-coup à la campagne, au milieu d'un air vif et pur, loin du fracas de la rue, des tracasseries des affaires, de l'irritation des passions politiques et de toutes ces causes qui entretenaient et exaspéraient son mal ! Ici, plus d'ennui, plus de réclusion ; il respire librement, il savoure le bonheur de l'oisi-

veté, et, dans un calme complet d'esprit, il s'occupe exclusivement du soin de sa santé. —
Les courses dans les montagnes, le silence des
passions, le charme d'une vie simple et champêtre, l'absence de ces plaisirs violents qui
ébranlent l'organisme, énervent et ruinent la
santé, toutes ces causes ne peuvent-elles pas
aider puissamment à la guérison de ces volup-
tueux blasés, de ces tempéraments épuisés par
les excès de tout genre et que le dégoût et la fatigue ont plongé dans une hypochondrie mélan-
colique qui les mine sourdement?

Cependant, nous ne prétendons pas nier d'une
manière absolue les services importants que l'i-
mitation des eaux minérales rend à l'art de guérir. L'expérience nous apprend tous les jours
que ces préparations, qui ne sont qu'une copie,
souvent grossière, de la nature, constituent cependant des médicaments précieux, auxquels la
médecine a recours avec avantage. Il est même
des cas où, à l'aide de la chimie, on peut favoriser l'usage des eaux minérales naturelles; ainsi,
en chargeant d'un grand excès d'acide carbonique les eaux ferrugineuses et les eaux salines,
on les rend moins rebutantes et d'une plus facile digestion.

Pour nous résumer, nous dirons donc qu'on

doit, en général, prendre les eaux minérales à
la source, lorsqu'on peut se rendre sur les lieux ;
que, lorsqu'on ne peut se déplacer, on doit prendre les eaux naturelles chez soi, si elles sont de
nature à être transportées sans se décomposer ;
et qu'enfin il faut recourir aux eaux artificielles,
lorsqu'il est impossible de remplir les conditions
précédentes.

DES BOUES MINÉRALES.

On trouve, auprès de certaines sources, des
substances molles, terreuses, de la consistance
d'un cataplasme, que les eaux entraînent avec
elles dans leur courant souterrain et qu'elles déposent à leur sortie. Ces matières sont appelées
boues minérales. On les emploie sous forme de
bains partiels ou généraux, et leur action est
quelquefois plus énergique que celle des eaux
thermales qui les produisent, soit que leurs
principes minéraux y soient plus concentrés,
soit qu'à raison de leur consistance, elles produisent une pression plus forte sur les parties
qui y sont plongées. C'est ainsi que les boues
de Barbotan, par exemple, sont préférées aux
eaux de la source, dans les rhumatismes, les

fausses ankyloses, les maladies des articulations, etc. Au sortir de ces boues, les malades
se débarrassent des matières limoneuses qui
souillent leurs membres, à l'aide d'un bain ou
d'une douche d'eau thermale.

DES PISCINES.

Les Romains se baignaient en commun dans
de vastes réservoirs qu'ils appelaient *piscines*, et
ils en avaient établi dans les Gaules, auprès
de la plupart des sources thermales qu'ils fré-
quentaient, comme l'attestent celles qu'on trouve
encore à *Plombières*, aux *Bains-près-d'Arles*,
et dans beauconp d'autres lieux. Ce peuple, qui
passait sa vie en public, dans les camps ou sur
le *Forum*, prenait le bain dans des thermes où
se trouvaient des bassins qui pouvaient contenir facilement cinq cents personnes; et il ne
connaissait pas nos petits cabinets et nos petites
baignoires, espèce de lits de Procuste, où l'on
est à la torture, bien dignes de notre société
étroite et égoïste qui a pris pour devise : *Chacun
chez soi.* Avec ce système, on est à la gêne dans
sa baignoire, on s'y ennuie, on se brûle et on
se gèle alternativement, il est vrai; mais, du

moins, on a un bain tout entier, *pour soi tout
seul !* Dans une piscine, au contraire, on se
mettrait à l'aise, on prendrait son bain agréablement, en causant avec ses voisins ; mais ce
bain appartient à tout le monde, et c'est ce qu'on
ne veut pas.

Cependant, dans quelques établissements thermaux, on a passé par-dessus toutes ces considérations. Ainsi à Louesche, Plombières, Bains,
Néris, etc., il y a des piscines où l'on voit des
personnes de toutes les classes, que confond
l'égalité devant la douleur, se baigner ensemble,
et l'expérience a prouvé que cette méthode of-
frait de grands avantages. D'abord, indépendamment de la commodité et des distractions, il faut
dire encore que les mouvements, et quelquefois
même la natation, auxquels on se livre dans la
piscine, aident beaucoup à l'action du bain ; que
l'eau, sans cesse renouvelée, y conserve une
température égale ; que, par sa grande masse,
elle retient mieux les principes minéraux volatils, et elle exerce une pression plus grande
sur la surface du corps. Ajoutons, à tous ces
avantages, que le bain, dans une piscine, coûte
moins cher que l'autre. Espérons que toutes
ces considérations feront apprécier de plus en
plus l'utilité des piscines, et que bientôt on

en verra auprès de tous les établissements thermaux.

Nous renvoyons au chapitre précédent pour
ce qui regarde les *bains*, les *douches*, les *étuves*, les *affusions* appliqués aux eaux minérales.

CONSEILS A CEUX QUI PRENNENT LES EAUX MINÉRALES.

Il ne faut pas croire que les eaux soient des
remèdes innocents dont on peut abuser impunément. Elles sont susceptibles, au contraire,
lorsqu'elles sont mal appliquées, de provoquer
les plus fâcheux désordres, et nous avons vu des
accidents graves survenir chez des personnes
qui, sans être malades, prenaient les eaux par
fantaisie ou par occasion. Il arrive souvent que
les malades, dégoûtés des médecins et des remèdes, projettent tout-à-coup d'aller prendre les
eaux minérales; alors ils choisissent au hasard,
sur la carte, le lieu que leur désigne leur caprice
ou leur goût, et ils partent sans s'inquiéter si
leur maladie est de nature à être traitée par les
eaux, ou bien si ce sont là les eaux qui leur conviennent. Rien de plus imprudent qu'une pareille
conduite, et le malade ne doit jamais se déter-

miner à aller prendre les eaux, sans avoir préalablement consulté un médecin éclairé qui lui in-
diquera quelles sont les eaux qu'il doit prendre,
de quelle manière il doit les employer, et le régime qu'il doit suivre. Il est, en effet, de la plus
haute importance que le choix des eaux et le
mode d'administration soient parfaitement ap-
propriés à la nature de la maladie et au tempérament du malade.

Une fois rendu aux eaux, le malade ne doit
pas diriger lui-même son traitement. Il est une
foule de considérations qu'il lui est impossible
d'apprécier, et qui doivent apporter des modifications dans ce traitement, dans la manière de
prendre les bains, leur durée, leur température,
le régime à suivre, la quantité d'eau qui doit être
bue, etc. C'est pourquoi il fera donc choix d'un
médecin qu'il mettra au courant de sa maladie
et du traitement qui a déjà été employé, et il
suivra exactement ses conseils.

Quelques estomacs délicats ne peuvent supporter les eaux minérales pures : alors on a l'habitude de les mêler avec du lait, de la décoction
d'orge ou de toute autre boisson rafraîchissante ;
d'autres les prennent pendant les repas ; nous
approuvons volontiers ce mélange, qui rend les
eaux plus supportables, sans leur ôter de leur

action; mais nous repoussons cette coutume rou-
tinière de faire concourir l'usage des médicaments avec celui des eaux minérales, et, sauf
quelques rares exceptions, qui se trouvent indiquées par des cas tout particuliers, nous les
proscrivons complètement, et nous croyons, au
contraire, que, pour que les eaux produisent un
bon effet, il faut les laisser agir librement, sans
leur associer des drogues qui, souvent, contrarient leur action, au lieu de la seconder; et,
d'ailleurs, les malades, avant de se décider à aller aux eaux, n'ont-ils pas, pour la plupart,
épuisé toutes les ressources de la pharmacie?
Délivrez donc leur estomac de toutes ces préparations qui le dégoûtent et le fatiguent; laissez
les eaux agir seules, et, si elles sont bien indiquées, si leur emploi est bien dirigé, nous
croyons pouvoir vous assurer plus de succès par
ce moyen que par toutes les médications mixtes
et douteuses.

Nous en dirons autant de la saignée, dont on
a fait un précepte général pendant le traitement
des eaux, et que nous regardons, nous, comme
souvent inutile et quelquefois même contre-in-
diquée. Ainsi, à part quelques cas de constitution
pléthorique qui font redouter l'apoplexie, d'éva-
cuations supprimées, d'habitude contractée de-

5

puis long-temps, nous croyons qu'on doit s'en
abstenir.

Époque à la-
quelle on doit
prendre les eaux.

La plupart des eaux minérales, conservant toujours les mêmes propriétés, on pourrait, à la ri-
gueur, les prendre indifféremment dans toutes
les saisons de l'année ; mais l'usage a voulu qu'on
les prit surtout en été, parce qu'alors les voyages
sont plus faciles, la campagne plus agréable, les
malades moins exposés aux intempéries, et plus
en état de supporter le déplacement. Cependant, M. Lallemand prétend que l'hiver serait
préférable pour le traitement des maladies par
les eaux minérales. En effet, selon cet illustre
professeur, les personnes qui prennent les bains
pendant l'été, les quittent à l'apparition des premiers froids, et bientôt survient l'hiver, qui leur
fait perdre tout le bénéfice de leur traitement ;
tandis que si l'on se guérissait dans la saison la
plus défavorable, on rentrerait chez soi au prin-
temps, et le retour de la belle saison viendrait
consolider la guérison. Nous pensons qu'on
pourrait appliquer cette méthode avec avantage
dans les établissements où, comme au Vernet
(Pyrénées-Orientales), on est parvenu à corri-
ger les rigueurs de l'hiver, en profitant du calorique des eaux pour entretenir, dans les appar-

tements des malades, une température douce et toujours égale.

Un usage assez généralement établi a voulu qu'on divisât la durée du traitement par les eaux minérales en plusieurs périodes de quinze à vingt-cinq jours, qu'on appelle *saison*. Sans constituer une règle générale, cette pratique doit être cependant observée, dans un grand nombre de cas. L'expérience a prouvé, en effet, qu'après avoir produit sur l'organisme une certaine excitation, il était bon de laisser reposer la nature pendant quelque temps. Alors l'équilibre des fonctions se rétablit, les forces se réparent, et l'on revient ensuite à la charge avec plus de succès. D'autres fois on obtient, au contraire, des effets plus sûrs en agissant d'une manière lente et graduée mais continue. C'est au médecin qu'il appartient de juger, selon les circonstances, à laquelle de ces deux méthodes on doit donner la préférence.

Saison des eaux.

Pour qu'elles conservent toutes leurs vertus, les eaux minérales doivent être bues à la source. Le transport leur fait perdre une partie de leurs propriétés. On les prend avec plus d'avantage, le matin, à jeun, au sortir du lit.

Précautions à prendre pour boire les eaux minérales.

On commence par en boire un verre ou deux,
et on augmente chaque jour la dose, en ayant
soin de se régler sur les forces de l'estomac. Il
arrive souvent que les malades, persuadés que
la marche de la guérison est toujours propor-
tionnée à la quantité d'eau ingérée, se mettent
à en boire chaque jour des doses prodigieuses.
Des embarras des organes digestifs, des gastri-
tes, des fièvres inflammatoires, sont, le plus
souvent, le prix de cette conduite inconsidérée.

Il faut boire l'eau au sortir du griffon,* avant
qu'elle ait perdu ses gaz et sa chaleur. On fait
ensuite un léger exercice pour en favoriser l'action.

Si la maladie ou le mauvais temps ne permettent pas de se rendre à la fontaine, on peut faire
apporter l'eau chez soi, dans un vase parfaitement clos, afin d'empêcher l'évaporation des
principes volatils. Si l'eau est chaude, à sa source,
et qu'elle se soit refroidie dans le trajet, il sera
bien, avant de la boire, de la chauffer au bain-
marie.

Les personnes qui boivent avec répugnance
les eaux minérales, doivent les prendre en pe-

---

* Ce mot, qui reviendra plusieurs fois dans le cours de cet ouvrage, signifie, en langue hydrologique, le point où une source
sort de terre.

tite quantité. Le dégoût qu'elles causent s'oppose souvent à leurs bons effets. On peut, si on l'aime mieux, les couper avec du lait, de la décoction de plantes amères ou émollientes; les mêler avec du vin, les boire pendant les repas.

Il ne faut pas suspendre brusquement l'usage des eaux minérales : ces changements subits produisent toujours sur l'organisme des secousses plus ou moins fâcheuses. On finira donc en diminuant graduellement, dans les proportions dans lesquelles on avait augmenté en commençant.

On ne doit jamais se baigner avant d'avoir terminé la digestion du dernier repas ; c'est-à-dire, quatre ou cinq heures après. Ce précepte est de la plus haute importance, il ne faut pas le négliger. Avant d'entrer dans le bain, il est bon de faire un peu d'exercice que l'on ne portera pas jusqu'à la fatigue. Il faut éviter de se baigner lorsque le corps est en sueur. *Précautions pour prendre les bains d'eau minérale.*

C'est, le plus souvent, le matin, à jeun, que l'on prend le bain. On peut en prendre plusieurs dans la journée. Cependant, assez ordinairement, un seul suffit.

La durée des bains et leur température se-

*

ront modifiées selon l'état des malades et le genre de leurs maladies, selon la nature des eaux.

Le bain froid ne doit durer que peu d'instants, de cinq à dix minutes tout au plus ; c'est une simple immersion.

La durée du bain chaud doit être un peu plus longue, de quinze à vingt minutes.

Le bain tempéré peut durer une ou deux heures, quelquefois même on le prolonge pendant une partie de la journée.

En sortant du bain, il faut s'essuyer avec du linge bien sec et se couvrir de vêtements de laine.

Quelques personnes conseillent de se mettre, après le bain tempéré, dans un lit chaud, pour favoriser la transpiration que le bain provoque. Cette mesure sera avantageuse si le malade est faible et languissant ; dans le cas contraire, il vaut mieux faire un peu d'exercice.

Pendant le temps des règles, les femmes s'abstiendront des eaux minérales, soit en bain, soit en boisson.

Du régime à uivre pendant usage des eaux.
Le traitement par les eaux minérales, comme tous les autres traitements, a besoin, pour produire de bons effets, d'être secondé par un régime bien dirigé : c'est une condition sans laquelle il n'y a pas de guérison possible.

Le malade devra donc régler ses repas. Le matin et le soir, il prendra du laitage, du chocolat, des œufs, des fruits, des confitures, avec un peu de vin vieux de bonne qualité (du vin de Bordeaux); à dîner, il pourra manger des viandes blanches, bouillies ou rôties; du poisson, des légumes, etc.; mais il devra s'abstenir de viandes noires, de ragoûts salés ou épicés, de salade, de liqueurs alcooliques, enfin, de tous les mets excitants ou de difficile digestion.

L'usage des eaux provoque quelquefois des appétits immodérés qu'il faut bien se garder de satisfaire complètement, car les digestions laborieuses nuiraient considérablement au traitement. La quantité des aliments ne devra donc pas être exagérée.

Les variations de température contrarient l'action des eaux, ce qui nécessite l'usage de vêtements chauds. Il faut, pendant toute la saison, renoncer aux habits d'été.

L'exercice favorise singulièrement l'effet des eaux et réclame une bonne part dans la guérison des maladies; il est donc important de faire des promenades à pied ou à cheval dans la campagne.

Les malades devront s'attacher à respirer un air pur; ils chercheront les distractions et les

amusements ; ils éviteront les chagrins, les in-
quiétudes, les pensées tristes et toute occupa-
tion qui demande de grands efforts d'attention
ou d'intelligence ; ils éviteront avec soin les plaisirs vénériens.

Nous bornerons là les préceptes généraux que
nous avons cru devoir donner à ceux qui prennent les eaux minérales, et nous n'entrerons pas
dans une infinité de détails qui doivent varier
selon les malades ou les maladies, et qui ne
peuvent trouver ici leur place. C'est au médecin
chargé de diriger le traitement, qu'il appartien-
dra de les modifier selon les individus.

CHAPITRE III.

COUP-D'ŒIL SUR LES PYRÉNÉES
ET SUR LA NATURE DE LEURS EAUX MINÉRALES.

SOMMAIRE.

Caractère géologique et hydrologique des Pyrénées. — Eaux minérales des Pyrénées. — Eaux sulfureuses. — Eaux acidules gazeuses. — Eaux ferrugineuses. — Eaux salines. — Exportation des Eaux minérales des Pyrénées. — Eaux minérales artificielles.

La chaîne des Pyrénées s'étend, comme un rempart gigantesque, entre la France et l'Espagne, dans une étendue de 360 kilomètres de long sur 100 kilomètres de large ; depuis l'Océan atlantique à la Méditerranée, et depuis Perpignan à Bilbao.

Constitution géologique des Pyrénées.

Le granit forme comme la base ou le fondement de toute la chaîne pyrénaïque. Sur le granit s'appuient des schistes micacés, et sur ceux-ci, les plus anciens dépôts à débris organiques; au-dessus se trouvent des grés rouges, et des calcaires analogues à ceux des Alpes et du Jura s'étendent jusqu'aux dernières pentes. Sur plusieurs points on trouve, reposant immédiatement sur le granit, des masses de marbre blanc ou calcaire primitif; et sur le calcaire alpin, reposent, en quelques endroits, des roches chargées d'amphibole. Enfin partout on retrouve des traces de ces convulsions puissantes qui semblent avoir présidé à la formation des montagnes, et qui concordent, le plus souvent, avec l'émergence des eaux minérales.

Lorsqu'on considère le versant septentrional des Pyrénées d'une certaine distance, de Tarbes, par exemple, on voit que ces montagnes se présentent, dans toute l'étendue de la chaîne, comme un vaste amphitéâtre qui s'élève successivement et, pour ainsi dire, par ondulations, depuis les plus petites collines vertes et boisées, jusqu'aux crêtes de la ligne centrale, couronnées de neiges perpétuelles. Du côté de l'Espagne, l'aspect est bien différent : là, les inclinaisons sont plus abruptes et moins ménagées, au lieu de ces

côteaux fertiles, de ces pentes couvertes de fo-
rêts ou de prairies, et arrosées par des milliers
de ruisseaux qui y entretiennent la fraîcheur et
une abondante végétation, ce sont des escarpe-
ments arides et menaçants qui s'élèvent brusquement devant vous, comme une muraille infran-
chissable.

Maintenant si, recherchant la cause de cette
différence, on examine de plus près la constitution de ces montagnes, on verra qu'elles sont
formées de couches parallèlement superposées
les unes aux autres et obliquement inclinées, de
telle sorte qu'il semblerait que, primitivement
horizontales, ces couches aient été soulevées ensuite par une force d'expansion souterraine qui
les aurait fait basculer de manière à ce que le
côté du sud devint supérieur; tandis qu'elles se
seraient appuyées inférieurement par le bord septentrional. Ces couches, ainsi redressées, forment donc des plans parallèles et inclinés dont
la face supérieure regarde le nord, tandis qu'elles
se présentent, par leur cassure ou leur tranche,
du côté du sud. Ceci une fois établi, on comprendra facilement ces pentes régulières et pra-
ticables, d'un côté; ces anfractuosités escarpées
et inaccessibles, de l'autre; on comprendra de
même comment les eaux, s'infiltrant et s'écoulant

entre les diverses couches, suivront la direction de leur pente, et viendront s'échapper par leur partie inférieure, ou partout où elles trouveront une déchirure qui leur livrera passage. De là ce nombre infini de ruisseaux et de gaves que l'on voit dans toutes les vallées du nord des Pyrénées, et qui se réunissent ensuite pour former des fleuves ou des rivières, tandis qu'on en trouve si peu du côté du sud. Voilà enfin ce qui explique cette grande quantité de sources thermales que l'on rencontre dans les Pyrénées françaises, tandis qu'il n'en existe pas, ou presque pas, dans les Pyrénées espagnoles.

Le versant septentrional des Pyrénées est, en effet, une des contrées où les eaux minérales sont répandues avec le plus de profusion,* et l'on y compte plusieurs sources qui occupent le premier rang parmi les plus renommées de l'Europe, et où l'on voit arriver une affluence de malades chaque année plus considérable, qui viennent leur demander la guérison de leurs maux. Le climat doux et tempéré sous lequel elles se trouvent placées, contribue encore à cette vogue et aide puissamment aux bons effets

---

* M. Anglada en compte plus de quatre-vingt dans le seul département des Pyrénées-Orientales.

qu'elles produisent. Ces sources nous ont paru
présenter plusieurs caractères fort intéressants
qui ont attiré notre attention et qui nous ont
inspiré l'idée d'écrire leur histoire. Déjà l'illustre Bordeu avait étudié, il y a plus d'un siècle,
les effets thérapeutiques de quelques sources du
Béarn et de Bigorre, et ses observations servent
encore de guide, la plupart du temps, pour l'application de ces eaux. Plus tard, M. Anglada fut
chargé, en 1818, par le Conseil général du département des Pyrénées-Orientales, d'analyser
les sources minérales de ce département, ce qui
lui fournit l'occasion de publier des travaux fort
intéressants sur cette matière; enfin, on a écrit,
sur un grand nombre de ces sources, des monographies, la plupart fort remarquables sans
doute, mais, il faut bien le dire, un peu trop
apologétiques, trop disposées à placer, chacune,
sa source au premier rang, et à la présenter
comme un remède propre à toutes les maladies.

Nous avons essayé de réunir tous ces matériaux
épars et incomplets, de les coordonner, de les
dépouiller de l'exagération dont ils sont quelquefois empreints; enfin, d'embrasser dans un seul
cadre les eaux de toute la chaîne des Pyrénées
et celles qui se trouvent dans la région comprise
entre l'Océan et les rives de la Garonne. Quoi-

6

que le type des eaux que renferme cette circonscription soit éminemment sulfureux, et que les sources sulfureuses y soient, sans comparaison, les plus nombreuses et les plus importantes, il n'en est pas moins vrai, cependant, qu'on y trouve, en plus ou moins grande quantité, des sources appartenant aux quatre classes établies par les chimistes ; à savoir : des sources sulfureuses, des sources acidules gazeuses, des sources ferrugineuses et des sources salines ; de telle sorte que la réunion et l'ensemble de toutes ces sources peut former un système hydro-pathologique complet.

Avant d'entreprendre la description de chaque source, en particulier, il est indispensable que nous entrions dans quelques considérations générales sur les caractères qui distinguent ces quatre classes d'eaux minérales, et sur les particularités qu'elles présentent, spécialement, dans les Pyrénées.

Eaux sulfureuses des Pyrénées.   Parmi les eaux minérales, les sulfureuses sont les plus importantes et les plus fréquemment utilisées, dans l'application thérapeutique, comme aussi elles sont les plus intéressantes pour le chimiste et le géologue.

« Les eaux sulfureuses, dit M. Anglada, se

» présentent au nombre des plus beaux phéno-
» mènes de la nature morte. Elles exportent, du
» sein de la terre, les matériaux les plus remar-
» quables. Le caractère thermal, qui est leur
» apanage presque habituel, excite puissamment
» l'esprit à la recherché de ses causes probables.
» Dans leur apparition, elles semblent s'entou-
» rer d'un cortége de phénomènes importants
» dont l'appréciation s'annonce comme devant
» être d'un haut intérêt. Leur distribution à la
» surface du globe; leur fréquence dans certaines
» régions; leur absence de quelques autres; leurs
» rapports avec le caractère des terrains à tra-
» vers lesquels elles s'échappent ou de ceux d'où
» elles tirent leur origine, etc., tout semble pla-
» cer leur étude au rang des plus importantes
» considérations de la géologie. »

Les eaux sulfureuses doivent leur nom,
comme la plus grande partie de leurs vertus
thérapeutiques, à la présence de l'acide hydro-
sulfurique, soit libre, soit combiné avec une
base, pour former des hydro-sulfates.

Ces eaux exhalent, à des degrés différents,
l'odeur d'œufs pourris ou durcis. Elles brunis-
sent ou noircissent les métaux blancs, notam-
ment l'argent; précipitent en brun ou en noir
les sels d'argent ou les sels de plomb; le préci-

pité formé est un sulfure métallique. M. Anglada a divisé les eaux sulfureuses en : 1° *hydro-*
sulfuriquées; 2° *hydro-sulfatées;* 3° *hydro-sul-*
fatées-sulfurées. Ces divisions étant plutôt chimiques que médicales, nous n'y insisterons pas
davantage.

Les eaux sulfureuses des Pyrénées, comme
toutes les sulfureuses en général, proviennent
de terrains primitifs, tels que le *granit*, le
gneis, le *schiste micacé*, l'*eurite*. Cette loi ne
trouve pas d'exception dans les eaux qui vont
nous occuper.

Ces eaux sont toutes, ou presque toutes, géo-
logiquement thermales; c'est-à-dire que leur
température, à leur sortie de la terre, est supérieure à celle des couches superficielles du globe,
telle que nous la donnent les sources d'eau commune environnantes; cependant, commes elles
ne peuvent être utilisées telles que la nature les
à faites, sous forme de bains, qu'à condition
qu'elles marqueront une température au-dessus
de 30° c., on peut considérer comme *thérapeu-*
tiquement froides, celles qui, étant au-dessous
de cette température, ont besoin d'être chauffées pour être appropriées à ce mode d'administration.

La thermalité des eaux des Pyrénées, sulfureuses ou autres, est invariable, pour chaque source. C'est une différence essentielle entre les eaux des terrains volcaniques et celles qui sont étrangères à ces terrains ; on sait, en effet, que les premières varient sensiblement, dans des temps fort rapprochés. Cette variation doit être la conséquence du plus ou moins d'activité du volcan.

Les eaux sulfureuses des Pyrénées, qu'elles soient chaudes ou froides, entraînent toutes, avec plus ou moins d'abondance, une matière glaireuse qu'elles déposent en partie dans leur trajet et dont elles tiennent le reste en dissolution. Cette matière, ordinairement blanchâtre, rouge ou verte, de forme variable, d'un aspect gélatineux, est grasse et douce au toucher, inodore, d'une saveur fade, analogue à celle des gommes végétales. Cette substance, carbonisable, azotifère, se comporte, du reste, à l'instar des substances animales, dans la plupart des épreuves qu'on lui fait subir. — Les chimistes lui ont donné le nom de *Glairine* ou *Barégine*.

Ces concrétions glaireuses ne se trouvent que dans les eaux sulfureuses ; mais, loin d'être exclusives aux sources des Pyrénées, elles se représentent également dans celles des autres contrées, et paraissent ainsi liées intimément à la nature de ces eaux et au mode d'élaboration qui leur donne naissance, dans le sein de la terre.

La présence constante de cette singulière substance, dans les eaux sulfureuses, devait nécessairement attirer l'attention des savants et piquer leur curiosité. Diverses conjectures ont été imaginées par eux pour en expliquer l'origine.

Les uns ont regardé l'existence de cette matière comme autant d'êtres organisés, analogues aux *tremelles,* que leur nature particulière ne fait prospérer que dans les eaux sulfureuses ;

D'autres l'ont expliquée par des dépôts de matières organiques que les révolutions du globe auraient enseveli dans les couches de la terre que ces eaux traversent.

Enfin, M. Anglada, qui s'est livré à des études sérieuses sur ces glaires, les regarde comme le produit de certaines combinaisons chimiques qui se réalisent entre quelques ingrédiens constants de ces eaux.

Quelque puisse être, du reste, la nature ou l'origine de cette matière, il est éminemment probable qu'elle a une part très-puissante dans l'action médicale des eaux sulfureuses. Cependant, l'imperfection de nos connaissances, à son égard, nous empêche de rien préciser.

Toutes les eaux sulfureuses des Pyrénées renferment, à très-peu de chose près, les mêmes substances, dans des proportions différentes. Ainsi, outre l'acide *hydro-sulfurique* et l'*hydro-sulfate de soude*, on y trouve du *carbonate de soude*, du *sulfate de soude*, du *chlorure de sodium*, de la *silice*, de la *chaux*, de la *magnésie*, de la *glairine*; enfin, elles dégagent du *gaz azote* et du *gaz acide carbonique*. Ce qui frappe d'abord, en étudiant la composition des eaux sulfureuses des Pyrénées, c'est qu'elles ne contiennent qu'une très-petite proportion de matières en dissolution. Ainsi, dans un litre d'eau puisée à la source de *Cauterets*, appelée *la Raillère*, il n'y a pas même *deux décigrammes* de substances étrangères à l'eau. Si l'on compare ensuite entre elles quelques sources sulfureuses des Pyrénées, celles de *Saint-Sauveur* et de *Baréges*, par exemple, on s'étonnera que ces deux sources, qui contiennent absolument les mêmes principes, avec des différences si légères dans les proportions, puissent avoir des vertus médicales si différentes; et l'on sera forcé de convenir que ces eaux possèdent des qualités qui échappent à l'analyse chimique, et qui ne peuvent être appréciées que par l'expérience clinique.

D'un autre côté, il est incontestable que les
mêmes maladies chroniques se rencontrent, in-
distinctement, auprès des sources minérales les
plus dissemblables, par leur composition chimique, et qu'elles sont, en général, plus ou moins
heureusement modifiées par elles. Cela prouve,
peut-être, que nous ne connaissons pas bien
encore les aptitudes spéciales qui doivent résulter de la composition de chaque source; mais
c'est une preuve aussi qu'il existe, entre toutes
ces sources, des propriétés communes, des rapports intimes, complètement indépendants des
conditions chimiques.

Les eaux sulfureuses sont administrées sous
toutes les formes: en boisson, en bains, en
douches, en injections, en bains de vapeur.
Nous renvoyons à la description particulière
des sources, dans le chapitre suivant, pour l'appréciation des cas dans lesquels chacune d'elles
doit être employée et de ceux où elle est contre-
indiquée.

Eaux acidules
azeuses.

Les eaux *acidules gazeuses*, si abondamment
répandues dans l'Auvergne, sont, au contraire,
très-rares dans la région qui nous occupe, et
nous n'en comptons que quatre qui méritent
plus ou moins ce nom. Suivant M. Berzelius,

ces eaux doivent leur origine aux volcans éteints.
Cette opinion explique leur grande abondance
dans les montagnes de l'Auvergne et de la Bohême, et leur absence presque complète des
Pyrénées, qui n'offrent pas de traces volcaniques.

Les eaux acidules gazeuses se distinguent par
une saveur aigrelette et piquante, et par un dégagement continu de gaz acide carbonique, qui
vient, sous forme de petites bulles, éclater à la
surface. Outre ce gaz, elles contiennent, dans
des proportions variables, des *carbonates de
chaux*, *de soude* et *de magnésie ;* du *muriate de
soude*, du *sulfate de soude*, quelquefois du *carbonate de fer* et de la *silice*. Le plus souvent, ces
eaux sont froides ; cependant, les sources qui
nous occupent sont toutes plus ou moins thermales.

Les eaux acidules sont administrées sous toutes les formes, mais principalement en boisson.
On les boit à la dose de deux litres, et plus, dans
la journée. Il faut avoir la précaution de les boire
avant que le gaz se soit dégagé. Mêlées au vin,
elles le rendent mousseux et pétillant, et forment ainsi une boisson fort agréable pendant les
repas.

Elles calment les nerfs, excitent l'appétit et
augmentent la sécrétion des urines.

Eaux ferrugi-
neuses. Les eaux minérales *ferrugineuses*, que l'on appelle aussi *martiales*, *chalybées*, sont assez abondamment répandues dans le pays dont le système hydrologique nous occupe. Elles proviennent, le plus souvent, de terrains secondaires ou de transition : le fer, à l'état de carbonate, constitue le principal caractère qui les distingue. C'est lui qui leur communique cette saveur styptique et astringente qui rappelle le goût d'encre et qui les fait si bien reconnaître. Elles contiennent, en outre, d'autres sels, soit terreux, soit alcalins, et du gaz acide carbonique, ce qui fait qu'elles participent aussi de la nature des eaux acidules.

Ces eaux sont limpides et sans odeur; exposées à l'air, elles deviennent louches, se couvrent d'une pellicule irisée, déposent leur oxide de fer sous forme de sédiment ocracé, rouge-brun, et puis reprennent leur limpidité et n'ont plus de saveur; en un mot, ce n'est plus que de l'eau ordinaire. L'acide gallique et l'infusion de noix de galle précipitent ces eaux en noir-bleu; le carbonate de fer se précipite tout entier par l'ébullition. Ces eaux sont généralement froides; on n'en trouve pas d'autres dans la région qui nous occupe.

Les eaux ferrugineuses se prennent surtout

en boisson. A cause de l'extrême facilité avec laquelle elles se décomposent, on est ordinairement obligé de les boire sur les lieux. On trouve, assez communément, dans les Pyrénées, des sources ferrugineuses à côté des sources sulfureuses, et nous verrons même des établissements où ces deux espèces se trouvent réunies, ce qui permet d'associer, dans le traitement, le bain des unes à la boisson des autres ; méthode qui, dans certains cas, paraît avoir les plus grands avantages. Quelquefois aussi on administre l'eau ferrugineuse en bains ; cependant, les avantages de ce mode d'administration ne nous semblent pas encore parfaitement démontrés, et nous avons des raisons pour croire que les résultats sont, à peu de chose près, les mêmes que ceux que produirait un bain d'eau commune.

Ces eaux sont essentiellement toniques et excitantes ; elles raffermissent les tissus trop lâches, stimulent les organes débilités, activent leurs fonctions et relèvent leurs forces épuisées par de longues convalescences, ou par quelque autre cause que ce soit. Le fer, qui constitue leur principale vertu, et qui entre aussi dans la composition normale du sang, les rend très-salutaires dans les cas d'appauvrissement de ce fluide.

Eaux salines.   Les *eaux salines* sont composées d'une mul-
titude de sels si différents, qu'il est fort difficile
d'indiquer, d'une manière précise, leur caractère
et leurs propriétés. Leur saveur est tantôt amère,
tantôt fraîche, tantôt piquante ; quelquefois, elles exhalent une odeur hépatique (Barbotan),
quoique l'analyse chimique n'ait pu y découvrir
de traces d'acide hydro-sulfurique. Cela tient,
sans doute, à l'extrême volatilité de ce gaz, qui
s'évapore avant qu'on ait pu en constater la présence ; mais le plus souvent elles sont inodores.
Elles proviennent de terrains secondaires ou de
sédiments inférieurs ; elles sont tantôt froides,
tantôt thermales.

Il entre dans la composition des eaux salines
du *sulfate de magnésie*, du *sulfate de chaux*,
des *chlorures de magnésium*, *de calcium* et *de
sodium*, des *carbonates alcalins*, quelquefois du
sulfate d'alumine; on y rencontre aussi, souvent, des *matières organiques* ou *pseudo-organiques*, des *substances bitumineuses*.

Quelques eaux salines sont *purgatives*, d'autres ne le sont pas ; celles-ci sont *altérantes*,
celles-là *sédatives*; enfin leurs propriétés médicinales sont aussi variées que leur composition,
de sorte qu'il est impossible de rien préciser de
général à leur égard. Nous renvoyons donc à

l'histoire particulière des sources, pour parler
des vertus de chacune d'elles en particulier.

EXPORTATION DES EAUX MINÉRALES
DES PYRÉNÉES.

La plupart des eaux minérales des Pyrénées
sont peu propres à être transportées, à cause
de l'extrême facilité avec laquelle elles se décomposent. Nous avons vu, par exemple, que le gaz
acide hydro-sulfurique se dégageait promptement
des eaux sulfureuses, et les privait ainsi d'un
de leurs principes les plus actifs et les plus ca-
ractéristiques ; d'un autre côté, la glairine, qui
entre d'une manière si constante dans leur
composition, devenant le motif d'une désorga-
nisation rapide, ne permet pas de les conserver longtemps pour les besoins de la thérapeutique.

On sait que les eaux ferrugineuses se décomposent aussi très-rapidement. Le fer, tenu en
dissolution par l'acide carbonique, se dépose à
la suite de l'évaporation de ce gaz, et elles passent à l'état d'eau ordinaire.

Les eaux acidulés exigent les plus grandes précautions pour leur transport et leur conserva-

tion : il faut les mettre dans des bouteilles bou-
chées avec soin, pour empêcher l'évaporation
du gaz. En général, on doit avoir peu de confiance dans une eau de cette nature, lorsque, en
débouchant la bouteille, on n'entend pas cette
détonation que produit l'expansion subite du gaz
comprimé.

Les eaux salines se composant de principes
fixes, peu propres à l'évaporation, sont celles
qui se conservent le mieux et qui, par conséquent, peuvent être plus facilement transportées sans subir d'altération. Cependant, cette
règle n'est pas sans exception, et l'on sait,
par exemple, que l'eau de la mer s'altère et
se décompose avec la plus grande rapidité. Du
reste, les eaux salines et les eaux acidules des
Pyrénées sont peu exportées, et on leur préfère, généralement, les eaux de Bourbonne-
les-Bains ou d'Ems, etc., pour les premières;
celles de Vichy ou du Mont-d'Or, pour les se-
condes.

Enfin, toutes les eaux qui sont thermales perdent, avec leur calorique naturel, un de leurs
caractères les plus essentiels, et qui paraît des
plus importants dans l'application thérapeutique.

IMITATION DES EAUX MINÉRALES
DES PYRÉNÉES.

Pour remédier aux difficultés du transport et de la conservation des eaux minérales, la chimie a essayé de les imiter, et, vers le commencement de ce siècle, les savants, confiants dans les progrès récents de cette science, se mirent à l'œuvre avec courage, en annonçant d'avance le succès le plus complet.

« La nature, disait Chaptal, n'est inimitable » que dans les seules opérations vitales; nous » pouvons l'imiter parfaitement dans les autres, » nous pouvons même faire mieux qu'elle, car » nous pouvons varier à volonté la température » et les proportions dés principes constituants. » (*Éléments de chimie.*)

Bientôt on vit s'élever de fort beaux établissements consacrés à cette fabrication. Ces établissements, dirigés par les plus habiles chimistes, offraient toutes les garanties que l'on pouvait exiger, tant sous le rapport scientifique que sous le rapport pratique, et semblaient promettre les résultats les plus heureux. Malgré cela, l'expérience est venue malheureusement déjouer toutes les conjectures, tromper toutes les espérances, et démontrer que l'art est toujours impuissant à imiter la nature.

Et, en effet, les analyses sont toutes plus ou moins imparfaites, et on ne saurait assurer que les ingrédiens d'une eau minérale quelconque sont tous exactement connus ; ensuite, les procédés chimiques amènent souvent, dans la nature de ces ingrédiens, des changements qui les altèrent complètement, qui modifient leur manière d'être, et engendrent entre eux des combinaisons qui n'existaient pas primitivement dans les eaux ; il suffit, pour s'en convaincre, de savoir qu'une même eau fournit des substances salines différentes, selon les divers procédés analytiques par lesquels on la traite. Il existe, en outre, dans les eaux minérales naturelles, certains matériaux créés par des circonstances que nous ne pouvons reproduire, et qui concourent puissamment aux propriétés des eaux minérales ; tels sont, pour la plupart du temps, les bitumes, les résines, les matières extractives, huileuses, azotées, telle est surtout la glairine, qui a été signalée d'une manière si constante dans les eaux sulfureuses des Pyrénées, et sans le concours de laquelle on ne pourra jamais se flatter d'avoir fidèlement reproduit ces eaux. Enfin, indépendamment des principes fixes dont on peut déterminer exactement la quantité, ou même la nature, des fluides incompressibles, quelquefois variables dans leurs proportions, se combinent avec les eaux minérales naturelles et en modifient beaucoup les propriétés ; tels sont, l'électricité, le calorique naturel.

Il n'en est pas moins vrai, cependant, que, malgré ses imperfections, l'art d'imiter les eaux minérales rend d'importants services à la thérapeutique, et que souvent il peut, jusqu'à un certain point, remplir les indications fournies par les eaux naturelles.

Parmi les eaux minérales dont l'imitation a le plus tenté les efforts des chimistes, il faut placer en première ligne les sulfureuses, et surtout celles des Pyrénées, dont la célébrité était bien digne, du reste, de fixer leur attention. Mais, il faut le dire, c'est aussi dans ces eaux que les tentatives ont été le plus malheureuses et se sont le moins rapprochées des modèles. Du reste, leur composition est encore trop peu connue pour qu'on puisse se flatter de les reproduire artificiellement. Cependant, quelques essais heureux ont été tentés en ce genre, et ces essais sont d'autant plus précieux que les eaux naturelles des Pyrénées, transportées, ne

tardent pas, comme nous l'avons dit, à s'altérer
et à perdre leurs propriétés médicinales. Nous
citerons, entre autres, la méthode de M. Anglada, que nous recommandons comme la plus
rationnelle et la plus facile à mettre en pratique.

Sans s'attacher à l'imitation de telle ou telle
source, particulièrement, ce célèbre chimiste a
adopté, pour toutes les eaux sulfureuses des
Pyrénées, une moyenne d'ingrédiens qu'il formule ainsi :

Pour un litre d'eau ou 1,000 centimètres cubes.

	gr.	
Hydro-sulfate de soude cristallisé..	0,159	(3 *grains*).
Carbonate de soude.....................	0,212	(4 *grains*).
Sulfate de soude........................	0,080	(1 *grain* ¹/₂).
Chlorure de sodium....................	0,027	(¹/₂ *grain*).

S'il s'agit d'approprier ces matériaux à la préparation d'un bain sulfureux, en admettant que
la masse du liquide fût égale à 180 décimètres
cubes, leur quantité respective serait donc :

	gr.	once	gros.	grains.
Hydro-sulfate de soude.......	28,62	(0	7	36).
Carbonate de soude...........	38,16	(1	2	0).
Sulfate de soude..............	14,40	(0	3	54).
Chlorure de sodium..........	4,86	(0	1	18).

Cependant, cette dissolution saline ne peut être présentée comme une imitation fidèle des eaux sulfureuses des Pyrénées, tant qu'elle ne contiendra pas de glairine, ce principe qui entre d'une manière si constante dans la composition de ces eaux, et qui semble leur communiquer cette onctuosité savonneuse qui les caractérise toutes. Il est vrai que M. Anglada attribue ce caractère à la présence du carbonate de soude; et l'on ne saurait nier, en effet, qu'il est facile de communiquer à une eau quelconque cette onctuosité, en y mêlant une quantité convenable de carbonate de soude. Mais si la chimie s'accommode de cette explication, la thérapeutique ne s'en accommodera pas aussi bien, et il sera difficile d'attribuer à ce sel les effets qui paraissent résulter du caractère onctueux des eaux sulfureuses.

Du reste, le chimiste que nous venons de citer semble ne pas nier complètement l'utilité de la glairine lorsqu'il s'exprime ainsi : « Je ne » pense pas que l'idée de remplacer la glairine » des eaux minérales par la gélatine empruntée » aux animaux puisse invoquer en sa faveur le » parallèle de leurs propriétés respectives. » Et il ajoute plus loin : « Si on tenait à se rappro- » cher de la constitution des eaux naturelles, je

» ne vois pas de meilleur moyen que de recourir
» aux glaires elles-mêmes, telles qu'elles se pré-
» sentent concrétées au bouillon des sources. Ce
» serait emprunter à la nature ses propres ma-
» tériaux.

» Il serait facile, sans doute, de faire bonne
» provision de ces glaires, aux sources où elles
» abondent le plus; on les conserverait ensuite
» à l'abri de la décomposition, à l'aide de l'alcool,
» pour être appropriées à la synthèse des eaux
» sulfureuses à glairine, dans les établissements
» où s'exécutent ces procédés. »*

Eau de Baréges artificielle.

En prenant pour base l'analyse de l'eau de la
Buvette, faite par M. Longchamp, on a composé
une grossière imitation des eaux de Baréges,
qui se formule de la manière suivante :

Hydro-sulfate de soude cristallisé......... 0 gr. 129
Carbonate de soude cristallisé............. 0   030
Sulfate de soude cristallisé............... 0   122
Sel marin.................................. 0   140
Eau privée d'air........................... 1 litre.

---

* *Mémoires pour servir à l'Histoire générale des Eaux
minérales sulfureuses*, tome II.

Pour les *bains de Baréges artificiels*, on ajoute une solution gélatineuse de huit grammes de colle de Flandre, que l'on fait préalablement dissoudre dans l'eau du bain.

Eau de Cauterets.

Voici de quelle manière on dose l'eau artificielle de Cauterets :

Hydro-sulfate de soude....................... 0 gr. 069
Sulfate de soude cristallisé................. 0   010
Sel marin.................................... 0   05
Carbonate de soude.......................... 0   15
Eau privée d'air............................. 1 litre.

Eau de Bagnères de Luchon.

En prenant la moyenne des principes fournis par toutes les sources de Luchon, on est arrivé à formuler leur imitation de la manière suivante :

Hydro-sulfate de soude....................... 0 gr. 243
Carbonate de soude cristallisé............... 0   100
Sel marin.................................... 0   078
Eau privée d'air............................. 1 litre.

Nous n'avons pas la prétention de donner ici une formule pour l'imitation de toutes les sources des Pyrénées, et nous bornerons là ces données, qui peuvent servir, du reste, pour tous les cas dans lesquels on voudrait administrer une eau sulfureuse artificielle.

De l'imitation des autres eaux minérales des Pyrénées.

Les difficultés qui existent dans l'imitation des eaux sulfureuses se représentent, plus ou moins, pour les autres eaux, même pour celles dont la composition est la plus simple. Aussi s'applique-t-on surtout, à l'aide de leurs principes les plus actifs, à reproduire leur action principale, et on néglige les autres. Ainsi, dans les eaux ferrugineuses, par exemple, le fer étant l'agent principal, on se contente de mêler à l'eau une quantité convenable de ce métal à l'état soluble ; pour cela, on introduit successivement, dans une bouteille, une dissolution de sulfate de fer et une dissolution de carbonate de soude ; on se hâte de remplir avec de l'eau chargée de gaz acide carbonique et on bouche avec soin. Il s'opère alors une double décomposition qui donne : *sulfate de soude* et *bi-carbonate de fer* (la petite quantité de sulfate de soude que cette manœuvre introduit dans les eaux ne peut rien changer aux résultats médicinaux).

Voici comment se dose cette préparation :

Pour un litre d'eau.

Sulfate de fer cristallisé..... de 0 gr. 05 à 0 gr. 10
Carbonate de soude.......... de 0   10 à 0   20

Cette opération doit se faire avec de l'eau bien
privée d'air ; sans cela, l'oxigène de l'air fait passer le fer à l'état de péroxyde, alors il n'est plus
soluble dans l'acide carbonique et se précipite
sous forme de flocons rougeâtres. Du reste, malgré toutes les précautions, il est presque impossible d'éviter qu'une partie du carbonate de
fer ne se suroxide. C'est pourquoi il est bon de
ne préparer cette eau qu'au moment où l'on veut
s'en servir.

Quant aux eaux acidules et salines des Pyrénées, elles sont très-peu imitées, et on leur
préfère, généralement, d'autres eaux de la
même nature, mais dont les caractères soient
plus tranchés ; c'est pourquoi nous n'aurons pas
à nous en occuper ici.

Lith. J. Vidal, Descas & C.ᵉ **CAUTERETS** (Hautes Pyrénées) r. du Parlement, 17

CHAPITRE IV.

DESCRIPTION
DES EAUX SULFUREUSES DES PYRÉNÉES.

SOMMAIRE.

Cauterets. — Les Eaux-Bonnes. — Les Eaux-Chaudes. — Saint-Sauveur. — Baréges — Bagnères de Luchon. — Ax. — Le Vernet. — Arles-les-Bains. — La Preste. — Molitg. — Vinça. Escaldas. — Thuez. — Castera-Verduzan. — Cambo. — Gamarde — Penticouse.

I.

CAUTERETS
(Hautes-Pyrénées.)

Topographie. — Cauterets est un petit village de l'arrondissement d'Argelès, à 800 kilomètres de Paris, 48 de Tarbes et 29 de Baréges ; à 950

7

mètres au-dessus du niveau de la mer. On y arrive de Tarbes * par une route qui, après avoir
traversé la belle vallée d'Argelès, jusqu'à Pierrefitte, s'engage tout-à-coup dans une gorge étroite
et profonde, où elle suit, jusqu'à Cauterets, les
sinuosités du Gave, qui lui dispute le passage et
gronde sans cesse à ses côtés. Rien de plus intéressant que cette gorge. A chaque pas le voyageur s'arrête, étonné de la sauvage beauté des
sites ou de la hardiesse de la route, qui s'attache aux flancs de la montagne et se suspend
au-dessus des précipices les plus effrayants.

Le village est situé au fond d'un bassin étroit,
entouré de montagnes abruptes et fort élevées,
ce qui resserre considérablement son horizon et
lui donne un aspect triste et sombre. Les maisons sont propres et bien bâties, la plupart avec le
marbre des Pyrénées, et de construction récente.
On y trouve des appartements commodes et bien
meublés; il y a plusieurs hôtels bien tenus, où
l'on est servi avec goût, pour des prix modérés.

* La jolie ville de Tarbes, autrefois la capitale du comté de
Bigorre et aujourd'hui le chef-lieu du département des Hautes-
Pyrénées, est le point central d'où l'on part pour la plupart des
établissements des Pyrénées. Tous les jours, dans la saison des
bains, on y trouve des voitures pour Baréges, Saint-Sauveur,
Cauterets, Bonnes, Bagnères, etc., etc.

Les environs de Cauterets sont fertiles et pittoresques, mais on regrette de ne pas y trouver,
comme à Baréges, à Bonnes, à Saint-Sauveur,
à Bagnères, etc., des promenades, des allées,
enfin un lieu public planté d'arbres, où l'on puisse
se voir, se réunir et promener, au sortir de son
logement ; ce serait pourtant un agrément bien
facile à procurer aux étrangers, au milieu de
cette végétation abondante et vivace.

Chaque été voit arriver à Cauterets un grand
nombre d'étrangers, qu'y attire la réputation des
eaux ou le désir de profiter des plaisirs qu'amène
la saison des bains. Ces derniers ne manquent
pas d'aller visiter la belle cascade de Cerizet, le
pont d'Espagne et le lac de Gaube. Quelques-
uns font l'ascension du Monnet ; enfin, on peut
franchir la frontière et aller, par le Merca-
deau, visiter les bains de Penticouse, en Espagne. Les amateurs de chasse organisent des
parties, et s'en vont en troupe, dans les montagnes, faire la guerre aux ours, aux loups et
aux isards.

Sources et établissements. — Il y a, dans Cauterets, onze sources d'eau thermale qui forment
deux groupes distincts, savoir :

Le groupe de l'est, qui comprend les sources

de *César*, des *Espagnols*, de *Bruzaud*, de *Pause*
et de *Rieumiset*.

Le groupe du sud, où se trouvent les sources
de la *Raillère*, du *Petit Saint-Sauveur*, du *Pré*,
de *Maouhourat*, des *OEufs* et du *Bois*.

Toutes ces sources sortent du granit; elles
sont thermales, à des degrés différents, mais à
peu près invariables pour chacune d'elles. Elles
sont toutes sulfureuses; leur composition chimique diffère peu, quoique leur action médicale
soit très-variée.

Sources et établissements de César et des Espa-
gnols. — Les sources de *César* et des *Espagnols*
sont les plus importantes de la vallée de Cauterets, soit par leur température et les proportions
de leurs principes minéraux, soit par l'étendue
de leurs propriétés médicales. Cependant, il y a
peu d'années encore, ces eaux n'étaient presque pas usitées, parce que les établissements
étaient petits, incommodes, mal tenus et situés
à pic, à une très-grande hauteur. M. Orfila
conseilla de réunir ces deux sources, qui appar-
tiennent à la commune de Saint-Savin, de les
descendre au pied de la montagne, et de construire, dans le village de Cauterets, un vaste établissement où les malades pourraient se rendre

sans fatigue et sans danger. Ce conseil a été suivi, et, depuis, Cauterets possède dans son sein un des établissements les plus beaux et les plus complets des Pyrénées; d'autant plus important qu'il est le seul, avec le petit établissement de Bruzaud, qui se trouve dans le village, tandis que tous les autres sont situés à une assez grande distance.

L'établissement de *César et des Espagnols réunis* est bâti sur une petite place, à 135 mètres au-dessous de la source. C'est un vaste et bel édifice, dans le goût des temples antiques, avec une colonnade et un large péristyle sur le devant. L'intérieur est éclairé par un dôme vitré. Le centre et les côtés sont occupés par les cabinets, et tout autour règne une large galerie qui sert de salle d'attente pour les baigneurs. Cet établissement contient vingt cabinets de bains fort propres et fort commodes, avec des baignoires en marbre dans lesquelles l'eau entre par le fond, disposition très-avantageuse, en ce qu'elle empêche l'évaporation des gaz; quatre cabinets de douches, où se trouvent les appareils et les ajustages nécessaires pour administrer toutes les variétés de douches : douche parabolique, douche perpendiculaire, douche ascendante, douche écossaise, etc.; deux buvettes, deux

chauffoirs, un cabinet de consultations, etc. Il
est divisé en deux parties égales ; le côté droit,
en entrant, est alimenté par la source des Espagnols ; le côté gauche, par la source de César.

Les deux sources sont à peu près semblables par leurs propriétés physiques ; ainsi, de
part et d'autre, l'eau est limpide, ne louchissant pas au contact de l'air ; elle répend une
odeur d'œufs durcis ; sa saveur est sulfureuse,
saline, un peu piquante ; elle dépose une grande
quantité de glairine. Cependant, l'eau des espagnols est plus douce et plus onctueuse au toucher que celle de César. La température de César
est de 49° c. à la source, tandis qu'à la buvette
elle n'est que de 44 ; elle perd donc 5 degrés dans
son trajet. L'eau des Espagnols est de 45° c. à
la buvette, 1 degré de plus que César. C'est à la
source de César que l'on prend toute l'eau qui
s'exporte de Cauterets ; c'est, en effet, celle qui
s'altère le moins facilement.

Nous avons dit que la composition chimique
des eaux de Cauterets différait peu. Nous nous
contenterons donc de donner, comme type, l'a-
nalyse de l'eau de la *Raillère*, qui est celle qui a
été étudiée avec le plus de soin, et nous renvoyons à cette analyse, que nous donnerons plus
loin, pour tout ce qui regarde les autres sources.

Bruzaud. — L'établissement de *Bruzaud* est, comme celui de *César et des Espagnols*, situé dans le village de Cauterets, tandis que sa source se trouve bien au-dessus, dans la montagne. Il se compose de douze cabinets de bains, d'une douche, d'une buvette peu fréquentée, d'un chauffoir; au-devant se trouve un petit jardin et une galerie où les baigneurs attendent leur tour.

L'eau de Bruzaud est limpide, incolore, d'une saveur piquante et désagréable; quoique déposant beaucoup de glairine, elle est cependant âpre et rude au toucher; sa température est de 37° c. à la buvette. M. Orfila prétend que cette eau ne contient pas un atôme de sulfure de sodium, et il l'appelle, à cause de cela, une eau sulfureuse *dégénérée*. M. Longchamp, au contraire, a trouvé, sur un litre d'eau, 0,0385 de cette substance.

Rieumizet. — Le petit établissement de *Rieumiset*, construction simple et élégante, situé non loin des murs de Cauterets, sur le penchant de la montagne, se compose de dix cabinets de bains, d'une buvette peu fréquentée. Pas de douche. Son eau est claire, douce, onctueuse au toucher et moins saline que les autres. Elle ne

contient pas de traces de sulfure de sodium, selon M. Orfila; ce qui en fait encore une sulfureuse *dégénérée*. Les autres principes minéraux
y sont en moins grande quantité que dans les
autres sources.

Pauze. — La source de *Pauze* alimente deux
établissements, distants l'un de l'autre seulement de quelques pas, et qui, quoique situés à
une très-grande hauteur, n'en sont pas moins
très-fréquentés.

Pauze-Vieux. — Dix cabinets de bains, une
douche, une buvette.

Pauze-Neuf.—Neuf baignoires, une douche,
une buvette. L'eau de Pauze est limpide, onctueuse, d'une odeur sulfureuse, d'une saveur
désagréable. Température, 40° c.

La route qui se dirige au sud de Cauterets, en
remontant le Gave, conduit aux autres sources.
En suivant cette route, on rencontre d'abord,
à 1 kilomètre de Cauterets :

L'établissement de la *Raillère*. — Quoique
moins nouveau que celui de *César*, cet établissement est pourtant de construction récente. C'est
le plus fréquenté de Cauterets, et sa source est
une des plus renommées des Pyrénées. Il est bâti
sur une vaste terrasse avec un péristyle en mar-

bre. Il contient vingt-trois cabinets de bains, une douche et une buvette extrêmement fréquentée. Elle fournit 93 mètres cubes dans les vingt-quatre heures. Son eau est claire, limpide, onctueuse; elle répand une forte odeur sulfureuse; sa saveur est nauséabonde; elle dépose une grande quantité de matières glaireuses. Température, 40° c.

Analysée par M. Longchamp, cette eau a fourni, pour un litre :

	litre.
Azote...................................	0,004

	gr.
Sulfure de sodium............................	0,019400
Sulfate de soude.............................	0,044347
Chlorure de sodium..........................	0,049576
Silice.......................................	0,061097
Chaux.......................................	0,004487
Magnésie....................................	0,000445
Soude caustique.............................	0,003396
Barégine....................................	
Potasse caustique...........................	Traces.
Ammoniaque.................................	

La route qui conduit à la Raillère est large et belle, et on peut facilement y aller en voiture; mais, au-delà, elle n'est plus carossable; de sorte qu'on ne peut arriver aux autres établissements qu'à pied, à cheval ou en chaise à porteurs. Après la Raillère on trouve :

Le *Petit Saint-Sauveur*. — Dix cabinets, dont quatre à deux baignoires ; pas de douche, pas de buvette. Température, 33° c.

Un peu plus loin, le *Pré*, établissement ancien ; source très-abondante. — Dix-huit cabinets, deux douches, une buvette peu fréquentée. Température, 51° c.

Puis vient *Maouhourat* (en langue du pays, mauvais trou), source abondante qui coule au fond d'une grotte de quatre mètres de profondeur. Il n'y a pas d'établissement, mais elle est très-usitée en boisson, malgré son éloignement et son élévation (169 mètres au-dessus du niveau de Cauterets). Cette eau est claire, limpide, peu onctueuse ; son odeur est très-sulfureuse ; sa saveur est saline et désagréable. Température, 55° c. C'est la plus chaude des eaux de Cauterets.

A quelques pas de là, la source des *OEufs* coule dans le Gave. Elle est sans emploi.

Enfin l'établissement du *Bois* est le plus éloigné de tous. Il est à 2 kilomètres 50 mètres de Cauterets, et à 211 mètres au-dessus de son niveau. — Construction récente, gracieuse et pittoresque, il se compose de quatre cabinets de

bains, pourvus chacun d'une douche, et de deux
piscines en marbre, pouvant contenir chacune
six personnes ; le tout, propre, commode et bien
tenu ; il est alimenté par deux sources ; l'une à
32° c., et l'autre à 44, qu'on mêle ou qu'on
donne séparément.

Propriétés médicales des eaux de Cauterets.
— Il suffit de jeter un coup-d'œil sur le grand
nombre des sources de Cauterets, sur la variété
de leur température et de leurs propriétés physiques, pour juger de l'étendue des ressources
médicales qu'elles peuvent offrir et qui leur ont
valu la grande vogue dont elles jouissent à si
juste titre. En effet, ces eaux remplissent, à
peu près, dans leur ensemble, toutes les indications des sulfureuses thermales ; mais cependant elles offrent chacune des spécialités plus
particulières qu'il est bon de noter. Ainsi, par
exemple, les sources de *César* et des *Espagnols*
sont employées de la manière la plus avantageuse dans les affections rhumatismales ou arthritiques chroniques, à la suite des fractures
ou des luxations, dans les paralysies, dans les
affections cutanées, dans certains cas de siphy-
lis dégénérée, accompagnée d'ulcères ou de
douleurs ostéocopes ; enfin, dans les affections

strumeuses.—Les eaux de *Pauze* remplissent à
peu près les mêmes indications que les précédentes.—La source de la *Raillère* est surtout efficace dans les maladies de poitrine, telles que
catarrhes bronchiques, phthysies commençantes, hémophtysie, névrose pulmonaire. On les
administre aussi pour fortifier les constitutions
débiles et stimuler les tempéraments épuisés;
dans ces derniers cas, on doit en user avec les
plus grands ménagements; enfin, dans les gastralgies sans irritation marquée : ici on fait
concourir souvent les bains de la *Raillère* avec
l'eau de *Maouhourat* prise en boisson.

Nous qui avons éprouvé les salutaires effets de
cette dernière source, dans une maladie de ce
genre, nous pouvons témoigner combien son action est prompte et merveilleuse, et lui payer
un juste tribut de reconnaissance.—Au *Petit-
Saint-Sauveur* appartient la spécialité des affections nerveuses, des maladies de l'utérus, et
généralement des affections particulières aux
femmes.

Les eaux du *Bois* et du *Pré* sont affectées aux
douleurs rhumatismales ou goutteuses et aux
maladies de la peau.—L'eau de *Bruzaud* est utilisée pour dissiper les engorgements du foie ou
de la rate; prise en boisson, cette eau est légè-

rement purgative. — Enfin, la source de *Rieumi-set*, douce, bénigne et peu active, est employée pour calmer l'irritation produite par les autres sources.

« Mais ce qu'il est important de signaler aux
» baigneurs, dit M. Orfila, c'est que les eaux de
» Cauterets ne sauraient être prises indistincte-
» ment, sans inconvénient, à toutes les sources
» ni à toutes les doses ; que, dans certains cas,
» l'usage des bains entiers peut être nuisible,
» tandis qu'on serait soulagé par des demi-bains ;
» que la température de l'eau doit être plus basse
» ou plus élevée, suivant les maladies et les
» tempéraments ; et qu'il est difficile de com-
» prendre, d'après cela, comment des malades
» dirigent eux-mêmes leur traitement, sans
» consulter un homme de l'art. »

II.

BONNES OU LES EAUX—BONNES
(Basses-Pyrénées).

Topographie. — Le village des *Eaux-Bonnes* doit son nom et son origine aux eaux minérales qu'il possède. Ces eaux n'étaient connues que des habitants de la contrée, lorsque Jean d'Al-

bret, grand-père de Henri IV, y envoya ses soldats béarnais blessés à la bataille de Pavie : c'est
de cette époque que date leur première réputation. On leur donna, à cette occasion, le nom
d'*Eaux d'Arquebusades*.

Le village est situé dans la vallée d'Ossau, à
4 kilomètres de Laruns, 8 des *Eaux-Chaudes*,
44 de Pau, et à 790 mètres environ au-dessus
du niveau de la mer. Il est caché dans un site
solitaire, au fond d'un bassin étroit et profond
qu'entourent de toutes parts des montagnes escarpées. On y arrive par une route belle et accidentée, qui, de Pau, se dirige directement vers
le sud, jusqu'à Laruns. Là, elle se bifurque en
un angle aigu dont le côté droit conduit aux
Eaux-Chaudes et le côté gauche aux Eaux-
Bonnes. A cause de sa position, la vallée est su-
jette aux inondations après les pluies d'orages
ou pendant la fonte des neiges.

Le village des Eaux-Bonnes consiste en une
seule rue composée d'une trentaine de belles
maisons ou d'hôtels en marbre, la plupart bâtis
à neuf ; il est embelli par plusieurs promenades
agréables : le jardin anglais, situé au centre du
village, la promenade Grammont, qui gravit le
penchant d'une montagne, et la promenade
Eynard, sur la rive gauche du Valentin.

On trouve, à Bonnes., pendant la saison des bains, des appartements commodes, des tables-d'hôte et des cafés servis d'une manière confortable; des cercles, des réunions, des bals, des cabinets de lecture, enfin tous les objets nécessaires à la vie, et tout ce qui peut contribuer à la rendre agréable. L'air y est vif et frais, aussi est-il important de se vêtir chaudement.

Les baigneurs ingambes qui voudront visiter les environs y trouveront des grottes, des cascades, des ravins, des précipices effrayants, des sites riants et pittoresques, enfin tout ce qui peut charmer et étonner le spectateur, au milieu de la sauvage et grandiose nature des montages.

Sources et établissements. — Les sources des Eaux-Bonnes jaillissent au pied de la montagne du *Trésor*, d'une couche de marbre immédiatement placée au-dessus du granit; ces sources sont :

1° La *Vieille*, ou la *Buvette*; 2° la *Nouvelle*; 3° la *Source d'En-bas*; plus loin, on trouve la *Froide*, qui est employée en boisson seulement, et la *Source d'Orhech*, qui n'est pas utilisée. Ces trois premières sources sont exploitées par un établissement thermal un peu petit, mais commode et d'une architecture élégante. Du reste, les Eaux étant employées surtout en boisson, cet établissement, tel qu'il est, suffit aux besoins du service médical ; et d'ailleurs, le peu d'abondance des sources ne pourrait comporter un établissement plus vaste.

Propriétés physiques et analyse. — Ces eaux sont limpides, incolores, charriant quelques flocons blancs ; elles sont onctueuses au toucher, d'une saveur douceâtre, amère, nauséabonde, d'une odeur d'œufs durcis ; lorsqu'on les regarde à travers un verre, elles laissent apercevoir un dégagement actif de gaz qui pétille à la surface. Elles déposent, dans les canaux et dans les réservoirs, de la glairine en assez grande abondance. La température de la *Source Vieille* est de 33° c. ; celle d'*En-bas*, de 31°, la *Froide*, n'a que 13° c.

Les Eaux-Bonnes ont été analysées par plusieurs chimistes. L'analyse la plus récente et la plus complète est celle qui a été faite par M. O. Henri, sur l'eau transportée à Paris. Voici les résultats de cette analyse :

Pour trois litres d'eau.

	litre.
Azote...	0,05
Acide carbonique................................	0,016
Acide hydrosulfurique...........................	0,022

	gr.
Hydrochlorate de soude..............................	0,067
Hydrochlorate de magnésie.......	0,014
Hydrochlorate de potasse........................	Traces.
Sulfate de chaux...................................	0,368
Sulfate de magnésie...............................	0,039
Carbonate de chaux...............................	0,015
Silice..	0,030
Oxide de fer...	0,020
Matière organique sulfurée....	0,332
Soufre..	Traces.

M. Longchamp a constaté dans les Eaux-Bonnes la présence du sulfure de sodium qui ne se trouve pas dans l'analyse de M. Henri, probablement par suite de la décomposition que ces eaux avaient subie pendant leur trajet.

Propriétés médicales. — Les eaux de Bonnes figurent parmi les moins excitantes des Pyrénées ; aussi conviennent-elles spécialement aux personnes faibles et délicates, aux femmes et aux enfants. Elles produisent, sur l'économie, la même stimulation que les autres sulfureuses, mais à un degré moins grand. L'individu qui en fait usage est plus gai, plus dispos ; son imagination s'exalte, quelquefois il éprouve comme une sorte d'ivresse ; il survient de l'agitation, de l'insomnie, de la chaleur à la peau, souvent même de la fièvre. Elles excitent l'appétit, favorisent la digestion, provoquent des sueurs, augmentent la sécrétion des urines, excitent les organes génitaux et régularisent le flux menstruel; en un mot, elles tonifient l'organisme et redoublent l'énergie de toutes les fonctions.

Par une singulière destinée, ces eaux, qui n'étaient employées autrefois qu'en bains, et uniquement contre les plaies, les ulcères et les maladies chirurgicales, sont, à peu près, exclusivement affectées aujourd'hui au traitement des maladies des organes respiratoires, et on ne les administre guère qu'en boisson. C'est à Bordeu qu'elles sont redevables de ce changement.

Voici dans quels termes M. le docteur Andrieu, médecin distingué d'Agen, qui s'est spécialement livré à l'étude des vertus thérapeutiques des Eaux-Bonnes, établit leur indication et leur contre-indication : « La chronicité, l'asthénie, l'état
» catarrhal, l'état muqueux, la diathèse scrofu-
» leuse, l'état lymphatique, la laxité des tissus,
» la congestion passive habituelle, une sensibi-
» lité un peu obtuse, une irritabilité peu pro-
» noncée, la diathèse herpétique, les affections

» rhumatique et hémorroïdale, la suppression de
» certaines sécrétions habituelles, les engorge-
» ments atoniques des tissus, compliqués ou non
» de la présence de tubercules à l'état de crudité ;
» telles sont les conditions pathologiques qui
» indiquent spécialement l'administration des
» Eaux-Bonnes, alors surtout que, par sa mani-
» festation, l'état morbide affecte spécialement
» les organes vocaux et respiratoires. L'état in-
» flammatoire, l'éréthisme nerveux exagéré, la
» douleur excessive, l'état spasmodique violent,
» la fluxion active, l'état pyrétique, la pléthore
» prononcée, les sueurs coliquatives ; telles
» sont les contre-indications majeures, absolues
» ou relatives de l'administration de ces mêmes
» eaux. »*

On boit les eaux de Bonnes, depuis un verre
jusqu'à deux litres, à jeun ou pendant les repas,
en commençant par la plus faible dose que l'on
augmente graduellement. De cette manière, l'estomac s'y habitue insensiblement et les tolère
sans en être incommodé.

Ces eaux s'altèrent facilement par le transport.

---

* *Essai sur les Eaux-Bonnes*, par M. ANDRIEU. Agen, 1847.

III.

LES EAUX-CHAUDES
(Basses-Pyrénées).

Topographie. — Le village des *Eaux-Chau-des*, dont le nom, soit dit en passant, est un peu prétentieux, puisque ses sources sont des moins chaudes des Pyrénées, est à 144 kilomètres de Bayonne, 44 de Pau et 8 des Eaux-Bonnes. Il est situé au fond d'une gorge étroite et sombre, resserrée entre de hautes montagnes, où l'espace lui est disputé par le Gave de Gabas, qui mugit sans cesse à ses côtés. Dans ce lieu triste et désolé, le soleil n'apparaît que durant quelques heures, et l'œil ne rencontre qu'une végétation pâle et languissante. L'établissement et une douzaine de maisons ou d'auberges forment, à eux seuls, tout le village. Il ne faut rien moins que les vertus incontestables des Eaux-Chaudes pour attirer les étrangers dans un pareil lieu.

La route qui y conduit est la même que celle des Eaux-Bonnes, jusqu'à Laruns. Après avoir passé ce village, elle se dirige sur la droite et s'engage dans des montagnes âpres et escarpées, dans des défilés bordés de précipices menaçants.

Avant d'arriver, on rencontre sur le bord de la
route, à droite, une chapelle élevée en commé-
moration du passage de Catherine de Navarre,
sœur de Henri IV, dans ce lieu, et on y trouve
deux inscriptions latines qui rappellent cet évé-
nement.

On va visiter, dans les environs des Eaux-
Chaudes, le *pont d'Enfer,* dont l'aspect sévère
s'harmonise parfaitement avec le paysage.

Les habitants de ce pays sont simples, francs,
généreux, hospitaliers; on peut s'y procurer, à
bon marché, les objets nécessaires à la vie.

Les Eaux-Chaudes étaient en grande vogue à
la cour de Navarre. On y voyait surtout affluer
un grand concours de couples inféconds qui venaient leur demander une lignée : elles passaient
en effet, alors, pour avoir la propriété de favoriser la fécondité ; et du reste, cette réputation
était jusqu'à un certain point justifiée par l'excitation et la tonicité qu'elles déterminent sur les
organes génitaux.

Sources et établissements. — On compte, aux
Eaux-Chaudes, six sources qui jaillissent entre le
granit et le marbre, au pied de la montagne qui
sépare la vallée des Eaux-Bonnes de celle des
Eaux-Chaudes. Ces sources sont : 1° le *Clot;*

c'est la plus chaude de toutes : température,
36° c. ; 2° *l'Esquirette,* la plus estimée et la plus
en vogue : température, 32° c. ; 3° *le Rey,* ou
Source du Roi : température, 34° c. ; 4° *Baudot* :
température, 27° c. ; 5° *Laressecq* : température, 25° c. ; 6° et enfin *Mainvielle,* source
froide. Ces sources alimentent un établissement
de construction toute récente, élégant et complet, avec baignoires en marbre, douches, buvettes, chauffoirs, etc.

Propriétés physiques. — Ces eaux sont limpides, incolores, d'une saveur et d'une odeur sulfureuses. Elles ternissent l'argenterie, et déposent une grande quantité de matières glaireuses.

Voici, d'après Longchamp, la quantité de sulfure de sodium que contient chacune de ces
sources :

Pour un litre d'eau.

	gr.
L'Esquirette..	0,0090
Laressecq	0,0090
Baudot	0,0086
Le Clot	0,0063
Le Rey	0,0063
Mainvielle	0,0007

Propriétés médicales. — Les Eaux-Chaudes

produisent sur l'économie une certaine excitation qui détermine de l'insomnie, de l'agitation, l'augmentation des sueurs et des urines, et quelquefois des éruptions à la peau. On les administre avec le plus grand succès contre les rhumatismes chroniques et les névralgies sciatiques, les affections cutanées rebelles et invétérées, les engorgements des articulations, par suite d'entorses ou de luxations, les engorgements scrofuleux, la chlorose, l'atonie des organes génitaux, la suppression des menstrues. La source Baudot est regardée généralement comme un succédané des Eaux-Bonnes, dans les catarrhes chroniques et dans la phthisie commençante.

On boit les Eaux-Chaudes, à la dose de deux à six verres, à jeun ou pendant les repas.

IV.

SAINT-SAUVEUR

(Hautes-Pyrénées).

Topographie. — On raconte qu'un évêque de Tarbes, exilé à Luz, fit bâtir auprès d'une source thermale, au milieu d'un des plus beaux paysages que la nature se soit plu à former, une chapelle portant pour inscription : *Vos hauric-*

lis aquas de fôntibus salvatoris, et que ce fut-
là l'origine du village et du nom de Saint-Sauveur. Ce village est situé dans la vallée de Luz,
à 2 kilomètres de cette petite ville, où conduit
une belle avenue plantée de peupliers; à 52 kilomètres de Tarbes, et à 760 mètres au-dessus
du niveau de la mer. Il n'a qu'une seule rue,
formée de deux rangées de maisons, les unes
adossées à la montagne d'où jaillit la source,
les autres bordant un précipice de 90 mètres, au
fond duquel roule le Gave de Gavarnie. L'établissement se trouve au milieu, du côté du Gave.
On arrive à Saint-Sauveur par la route de Tarbes à Baréges, que l'on suit jusqu'à Luz. Cette
route ne le cède en rien à celle de Cauterets,
tant par les efforts de l'art que par le grandiose
de la nature. Ce lieu est constamment animé
par le passage des baigneurs des autres eaux des
Pyrénées, qui vont visiter le cirque et la cascade
de Gavarnie, une des plus belles merveilles des
Pyrénées, à 24 kilomètres de Saint-Sauveur, et
où l'on ne peut aller de là qu'à cheval. * Il s'établit aussi de fréquentes relations entre les baigneurs de Saint-Sauveur et ceux de Baréges, à
9 kilomètres.

* On trouve à Luz d'excellents petits chevaux des montagnes,
au pas sûr, à l'allure commode, au jarret infatigable.

On va visiter Luz et son église, qui paraît avoir appartenu aux Templiers ; les ruines pittoresques du château de Sainte-Marie ; on va boire à la fontaine de *Viscos* ou de *Hontalade* ; enfin, on fait l'ascension du pic de Bergons. Les environs offrent des trésors inépuisables pour le naturaliste, pour l'artiste et pour le poète.

Sources et établissements. — La source de Saint-Sauveur est unique ; elle jaillit par plusieurs jets qui portent différents noms, la *Châtaigneraie*, la *Chapelle*, *Bezegua*, la *Terrasse*, et elle alimente un établissement fort élégant, composé de seize baignoires en marbre, une buvette, une douche ascendante et une douche descendante ; elle débite 144 mètres cubes d'eau en vingt-quatre heures.

Propriétés physiques. — Cette eau est claire, limpide, très-onctueuse au toucher ; elle exhale une odeur d'hydrogène sulfuré très-prononcée ; elle est épaisse, saline et désagréable au goût. Lorsqu'on la regarde au travers d'un verre, on aperçoit un dégagement de gaz d'autant plus considérable qu'on l'a puisée plus près de la source ; au *Griffon*, ce dégagement va presque jusqu'à l'effervescence.

Le résultat de l'analyse chimique, faite par Longchamp, a fourni :

Pour un litre d'eau.

	litre.
Azote..	0,004

	gr.
Sulfure de sodium............................	0,025360
Sulfate de soude..............................	0,038680
Chlorure de sodium...........................	0,073598
Silice...	0,050710
Chaux...	0,001847
Magnésie......................................	0,000242
Soude caustique..............................	0,005201
Potasse caustique............................	
Barégine......................................	Traces.
Ammoniaque..................................	

0,195,638

Propriétés médicales. — Les eaux de Saint-Sauveur étant faiblement thermales et peu chargées de principes sulfureux, sont naturellement douces et peu actives. Aussi conviennent-elles surtout aux femmes, aux enfants, aux constitutions faibles ou délicates et irritables, aux tempéraments épuisés par de longues maladies, enfin, à tous ceux qui ne pourraient supporter une médication trop énergique. Elles sont surtout fréquentées par les femmes dont

le système nerveux est agacé, par celles qui
sont sujettes aux migraines, aux vapeurs, à la
mélancolie; par les personnes fatiguées par le
séjour des grandes villes, par le travail de cabinet ou par une trop grande contention d'esprit. On les emploie avec le plus grand succès
dans les phthisies commençantes, les engorgements du bas-ventre, les affections calcu-
leuses, et enfin, dans toutes les maladies du
système génito-urinaire. « Les femmes sur-
» tout, dit M. Fabas, chez lesquelles le trouble
» des fonctions de l'appareil génital sont si fré-
» quemment la cause déterminante de désordres
» dans le reste de l'économie, nous offrent,
» chaque saison, grand nombre d'observations
» qui prouvent cette influence particulière des
» eaux qui nous occupent. On voit souvent chez
» elles des affections jugées par des crises sur-
» venues du côté de cet appareil................
» La chlorose en général, et surtout celle qui est
» occasionnée par la non apparition ou la sup-
» pression des menstrues, cède souvent à l'ac-
» tion de l'eau de Saint-Sauveur, à l'extérieur,
» jointe à l'eau ferrugineuse de Viscos, pour
» boisson. »*

---

* *Aperçu sur les propriétés de la source thermale sulfureuse de Saint-Sauveur*, par A. FABAS. Paris, 1845.

Les eaux de Saint-Sauveur sont pesantes à
l'estomac et de difficile digestion, à cause de la
grande quantité de glairine qu'elles contiennent.
Cependant, comme l'expérience a prouvé qu'elles jouissaient, en boisson, d'une grande efficacité, dans certains cas, on en fait usage, sous
cette forme, en y apportant cependant quelques
ménagements. Ainsi, on commence par un demi-
verre, et on la coupe, le plus souvent, avec du
lait, de l'orgeat, de la décoction de chiendent,
du sirop de gomme. On associe aussi quelquefois les bains de Saint-Sauveur avec l'eau de Bonnes, prise en boisson.

V.

BARÉGES

(Hautes-Pyrénées).

Topographie — Le village de *Baréges* est situé au milieu d'un paysage d'un aspect triste et
désolé, sur la rive gauche d'un torrent furieux
qu'on appelle le *Boston*, à 7 kilomètres de Luz,
57 de Tarbes, 25 de Bagnères de Bigorre, et
à 1,264 mètres au-dessus du niveau de la mer.
Il y a deux siècles à peine, Baréges n'était qu'un
endroit obscur et ignoré, dont les eaux étaient

connues seulement de quelques paysans des environs qui venaient y chercher la santé, lorsque,
par les conseils des médecins, un enfant, un
bâtard de Louis XIV, y fut conduit par sa gou-
vernante, Mme de Maintenon. C'est de cette époque que date sa célébrité. Aujourd'hui ce village comprend une seule rue large et propre,
composée de quatre-vingts maisons environ,
et de quelques baraques en bois que l'on construit en Mai et que l'on enlève à la fin de Septembre; il est situé au fond d'une vallée étroite
et resserrée entre des montagnes abruptes et
arides, du haut desquelles descendent, l'hiver,
des avalanches qui menacent de l'engloutir; et
tout récemment encore, pendant l'hiver de 1849,
une partie de ce village fut détruite par une de
ces avalanches.

A la fin de la saison des bains, le froid, la
neige et les dangers de la position en chassent
la plupart des habitants, qui s'en vont dans les
vallées voisines chercher un climat plus doux, et
il n'y reste que quelques pasteurs des montagnes,
préposés à la garde des bains et des maisons.
Mme la comtesse de Lépine a écrit quelque part :
« Il faut être malade pour venir à Baréges, et
» compter sur l'agrément d'une bonne société,
» qui peut seule consoler de l'obligation de vivre

» dans ce lieu sauvage. » On trouve, en effet, à Baréges, des cercles, des réunions, des sociétés nombreuses où règnent une franche cordialité, une gaîté expansive, l'entrain et le sansfaçon de bonne compagnie des mœurs militaires, et on n'y ressent pas, comme dans certains autres thermes des Pyrénées, cette étiquette raide et manièrée, cette réserve froide et prétentieuse, ces airs collet-monté apportés des grandes villes, qui paraissent si étranges et qui sont si déplacés au milieu de cette nature simple et sauvage.

Sur la montagne qui domine Baréges, du côté du sud, on a tracé, dans ces dernières années, des allées en zig-zag dont la pente est habilement ménagée, une espèce de jardin anglais aux mille contours, où l'on trouve les accidents les plus imprévus et les sites les plus romantiques. C'est une heureuse idée que Cauterets devrait imiter, et qui pourrait très-bien être mise en pratique, par exemple, sur la montagne où se trouvent les sources de l'Est.

Le gouvernement a établi, à Baréges, un hôpital militaire, et c'est là que, chaque année, trois ou quatre cents militaires, soldats ou officiers, viennent prendre les eaux et guérir les maladies qu'ils ont contracté au service de l'Etat.

— On trouve à Baréges des appartements meublés avec goût et avec luxe, des hôtels, des tables-d'hôte, des restaurants, des cafés parfaitement servis, des salons pour la lecture des livres et des journaux, enfin tout ce qui peut contribuer à l'agrément et au confortable de la vie.

Sources et établissements. — Baréges possède trois sources d'eau minérale qui sortent d'un calcaire saccaroïde feuilleté, à travers les cassures duquel elles s'échappent. Ces trois sources sont désignées, d'après leur température, sous les noms de : 1º la *Chaude;* 2º la *Tempérée;* 3º la *Tiède.* Elles fournissent 170 mètres cubes d'eau en vingt-quatre heures, et entretiennent un établissement composé de seize baignoires, deux douches, une buvette et trois piscines, dont deux sont réservées pour les militaires. Ces piscines peuvent contenir, chacune, de vingt à vingt-cinq personnes; on y descend par trois marches; elles sont voûtées et parfaitement closes; une large galerie permet d'en faire le tour. Cet établissement, commode et parfaitement distribué, est l'œuvre de l'architecte Polard.*

* Nous aurions désiré trouver aux bains de Baréges, de même

Propriétés physiques. — Les eaux des différentes sources de Baréges diffèrent peu, tant
dans leurs propriétés physiques que dans leur
composition chimique. Elles sont claires, limpides, onctueuses et grasses au toucher; elles
répandent une odeur d'œufs couvés, leur saveur
est fade, douceâtre, nauséabonde; elles déposent une grande quantité de matières pseudo-
organiques glaireuses, auxquelles elles ont fait
donner le nom de *Barégine*, et que l'on retrouve, en plus ou moins grande abondance,
dans la plupart des autres sources sulfureuses,
où on les appelle aussi *Glairines*. Enfin elles
dégagent beaucoup de gaz azote. La température de la source la plus chaude est de 44° c.,
et celle de la plus froide 28° c. Les piscines
sont à 35 et 36° c.

M. Longchamp a analysé l'eau de la buvette,
qui lui a donné :

Pour un litre d'eau.

	litre.
Azote...	0,004

que dans beaucoup d'autres bains des Pyrénées, plus de soin
dans l'ameublement des cabinets. Ainsi nous y avons cherché
vainement de ces objets de première nécessité pour prendre
un bain avec fruit ; tels que, par exemple, un thermomètre, un
soupirail que le baigneur pût ouvrir ou fermer à volonté, sans
sortir du bain, etc.

	gr.
Sulfure de sodium..........................	0,042100
Sulfate de soude........................	0,050042
Chlorure de sodium........................	0,040050
Silice..	0,067826
Chaux.......................................	0,002902
Magnésie..................................	0,000344
Soude caustique...........................	0,005100
Potasse caustique.........................	
Ammoniaque...............................	Traces.
Barégine.................................	
	0,208364

Propriétés médicales. — Les eaux de Baréges
occupent le premier rang parmi les eaux sulfureuses, et les nombreuses guérisons qu'elles ont
opéré leur ont valu une réputation européenne.
Ces eaux sont toniques et excitantes à un très-
haut degré; aussi, il est important d'apporter
les plus grandes précautions dans leur usage,
et leur application inconsidérée pourrait-être
suivie des plus graves désordres. Les malades
ne devront donc pas s'y livrer, sans avoir préalablement pris les conseils d'un homme de l'art.
Elles produisent sur l'individu sain une stimulation générale qui se révèle par l'accélération du
pouls, la chaleur à la peau, la transpiration, l'insomnie, des céphalalgies, etc. Elles activent la

digestion et toutes les autres fonctions de l'économie.

Dans les maladies, si on en fait usage à une époque trop rapprochée de l'état aigu, elles exaspèrent souvent le mal au lieu de le guérir, et toujours leur action est d'autant plus efficace qu'on agit sur des maladies plus anciennes.

Ces eaux sont spécialement employées dans les accidens occasionnés par les plaies d'armes à feu; alors elles provoquent la sortie des corps étrangers logés dans les tissus, tels que des balles, des fragments d'habits; elles détergent les plaies, hâtent leur cicatrisation et raffermissent les cicatrices nouvelles; elles sont employées aussi avec le plus grand succès dans les nombreuses variétés de dartres et dans toutes les affections cutanées qui ne sont pas accompagnées de fièvre ou d'inflammation, dans les ulcères atoniques, variqueux, invétérés ou récents. Les maladies des os, caries, nécroses, exostotes, douleurs ostéocopes, se trouvent bien de leur usage. Elles favorisent la formation du cal, dans les fractures, résolvent les engorgemens articulaires, à la suite des luxations ou des entorses, diminuent la raideur et détruisent les fausses ankyloses. Elles ont produit des effets si avantageux dans le traitement des affections syphili-

tiques et de leurs accidents consécutifs, qu'on a
cru, pendant quelque temps, qu'elles pourraient
remplacer complètement les préparations mercurielles. On les a employées aussi contre les
désordres occasionnés par l'abus de ce médicament. Les rhumatismes chroniques, les engorgements hémorroïdaux, les cachexis, le marasme
sont combattus avec succès par ces eaux. Bordeu
les a rendues célèbres dans le traitement des
scrofules, en leur associant les frictions mercurielles. Enfin, elles exercent une action moins
favorable, quelquefois même nuisible, dans la
goutte, la gravelle, l'asthme, la paralysie, les
embarras gastriques, l'hystérie, la chlorose, la
leucorrhée.

Il serait dangereux de prescrire les eaux de
Baréges dans les anévrismes, dans les palpitations qui dépendent de maladies organiques du
cœur, dans les épanchements cérébraux, dans la
phthisie pulmonaire. Les sujets pléthoriques, les
constitutions faibles, au système nerveux irritable, devront s'en abstenir.

Les eaux de Baréges sont administrées en
boisson, en bains, en douches, en lotions. On
doit apporter les plus grandes précautions dans
leur usage; ainsi, on coupe la boisson avec du
lait, de l'eau d'orge, etc. Pour les bains, on passe

successivement des plus tempérés aux plus -chauds. Ces eaux provoquent des accès fébriles, déplacent des douleurs, réveillent les douleurs anciennes, agrandissent les plaies avant de les cicatriser.

On prétend, et nous le croyons sans peine, que les malades qui se baignent dans les piscines, guérissent mieux que ceux qui se baignent dans les baignoires particulières. Nous avons été frappé, en entrant dans les galeries de ces piscines, de la haute température qui y règne et de la transpiration qu'elle provoque; et nous croyons que le séjour dans cette atmosphère pourrait être avantageusement prescrit, dans certains cas, aux malades qui ne peuvent supporter les bains ou à ceux qui ont besoin de transpirer.

VI.

BAGNÈRES DE LUCHON
(Haute-Garonne).

Topographie. — Dans une des plus belles et des plus fertiles vallées des Pyrénées, arrosée par le Gave de la Pique et coupée dans tous les sens, comme un jardin, par un magnifique ré-

seau d'allées, se trouve le village de *Bagnères
de Luchon*, à 136 kilomètres de Toulouse, 81
de Bagnères de Bigorre, 8 de la frontière d'Espagne, et à 612 mètres d'élévation au-dessus
du niveau de la mer. On y arrive par une belle
avenue de platanes, du côté du nord. Deux
autres routes, plantées de sycomores, se dirigent, l'une vers l'ouest, dans la vallée de l'Arboust; l'autre, vers l'est, conduit au petit village
de Montauban, distant seulement d'un kilomètre.
Une autre allée d'ormes et de peupliers longe
le Gave de la Pique. C'est là le rendez-vous ordinaire des baigneurs, pour la promenade du soir.
Enfin, une large et belle avenue plantée de til-
leuls, et que l'on appelle le *Cours*, conduit à
l'établissement thermal, vers le sud. Cette avenue, bordée de maisons des deux côtés, constitue à peu près, à elle seule, la ville des étrangers. C'est là que se trouvent les hôtels, les
cafés, les restaurants, les cercles. C'est aussi la
partie la plus animée de Luchon. Le grand établissement thermal, situé à l'extrémité sud de
cette avenue, est adossé contre la montagne d'où
jaillissent les sources, et que l'on appelle *Superbagnères*. Sur le penchant de cette montagne
verte et boisée, on a tracé, comme à Baréges,
pour l'agrément des baigneurs, des sentiers en

9

zig-zag qui montent, en pentes douces et coupées, jusqu'à une hauteur de 160 mètres environ. Cette promenade se nomme le *Bosquet*. Au
sommet, coule une fontaine, simple source limpide et fraîche, sans aucune prétention médicale, que l'on nomme *Fontaine d'Amour*.

On trouve, à Bagnères de Luchon, des appartements commodes et bien meublés, des tables-
d'hôte bien servies. On y vit à bon' marché. Le
climat y est doux, l'air pur, les habitants honnê-
tes et affables; enfin ce séjour convient également à celui qui recherche les jouissances du luxe
et des plaisirs, comme à celui qui préfère les
beautés de la nature, l'aspect des montagnes, les
sites sauvages et grandioses. On ne quitte pas
Luchon sans avoir visité Castel–Vieil et sa tour
gothique en ruines; les vallées de l'Arboust, de
l'Asto, du Lys; la cascade de Montauban, le lac
et la cascade de Seculejo, le port de Venasque,
la vallée d'Arran, où prend sa source la Garonne,
et une infinité d'autres merveilles qu'il serait
trop long d'énumérer ici.

Sources et établissements. — Les bains de Bagnères de Luchon sont très-anciennement connus, et les Romains, ces grands amateurs de
bains minéraux, qui, au rapport de Pline, con-

naissaient déjà plusieurs sources des Pyrénées, connaissaient, entre autres, celles de Bagnères de Luchon, comme l'attestent les inscriptions latines et les médailles trouvées dans les environs.

Les sources de Luchon sourdent au pied de la montagne appelée Superbagnères, dans un espace assez circonscrit. On en connaissait déjà huit, lorsque des fouilles pratiquées, il y a quelques années, en ont fait découvrir de nouvelles.

Voici la désignation des sources principales actuellement exploitées à Luchon, avec leur température :

Bayen, à la source........................	67° c.
Grotte supérieure........................	60°
Grotte inférieure........................	55°
Reine (nouvelle)........................	52°
Richard........................	47°
Chauffoir........................	46°
Richard (nouvelle)........................	38°
Ferras........................	36°
La Blanche........................	20°
La Froide........................	19°

Par des travaux hydrauliques habilement dirigés, M. François, ingénieur des mines, a su amener ces sources dans des réservoirs voûtés, en les préservant du contact de l'air et des infiltrations, et il leur a conservé ainsi leur température et toute l'intégrité de leurs vertus thérapeutiques.

Ces sources, qui sont toutes fort abondantes, alimentaient un établissement vaste et commode qui figurait au premier rang parmi les établissements des Pyrénées ; et cependant, malgré cela, il ne pouvait plus suffire aux besoins du grand nombre de malades ; aussi va-t-il disparaître pour faire place à un nouvel établissement plus étendu et plus complet dont la construction est déjà fort avancée, et qui sera livré au public, sinon tout entier, du moins en grande partie, à la saison prochaine. Cet édifice, construit en marbre des Pyrénées, offrira toutes les ressources que la thérapeutique peut désirer dans les établissements de ce genre les mieux dirigés. Ainsi on y trouvera, outre un grand nombre de cabinets de bains fort commodes, des appareils complets pour les douches, des étuves pour les bains à vapeur, des piscines, des chauffoirs, des cabinets de consultation, etc., etc.

Propriétés physiques. — Les eaux de toutes les sources de Luchon sont limpides et incolores, excepté celles de la *Blanche ;* elles sont onctueuses au toucher, d'une saveur sulfureuse et d'une odeur d'œufs couvés qui se fait sentir à une grande distance. Elles contiennent une grande quantité de glairine, qui se dépose sous la forme de flocons semblables au fret de grenouilles, ou en filaments blanchâtres, ayant la plus grande analogie avec de la charpie fine. On remarque, sur les parois de la *Grotte supérieure* et de la *Reine*, un dépôt assez abondant de *fleur de soufre*.

Le mélange de l'eau des sources *Froide* et *Blanche* avec celle de la *Grotte supérieure*, de la *Reine* et de *Richard*, produit un bain qui, sous l'influence de certaines circonstances atmosphériques, louchit au bout d'une heure ou deux, dit M. Longchamp, et qui, dans d'autres, reste parfaitement limpide. On ramène la transparence dans le bain, par l'addition de l'eau de la *Grotte supérieure*.

L'analyse la plus importante que nous ayons pu nous procurer des eaux de Luchon, est celle que Bayen en fit, en 1766. Voici les résultats qu'elle a donné sur un litre d'eau :

	gr.
Chlorure de sodium......................	0,0784
Sulfate de soude cristallisé...............	0,1126
Carbonate de soude sec..................	0,0322
Silice dissoute.........................	0,0762
Soufre dissout.......................	quantité
Matière grasse organique................	indéterm.

Cette analyse, à cause de son ancienneté, n'est plus à la hauteur des ressources actuelles de la chimie, et demande à être renouvelée. C'est à M. Fontan, chimiste et médecin distingué de Luchon, qu'il appartient de combler cette lacune.

Voici la quantité de sulfure de sodium trouvée par M. Longchamp dans quelques sources :

Source de la Grotte inférieure...............	0,0858
Richard....................................	0,0720
Grotte supérieure...........................	0,0717
La Reine...................................	0,0631
La Blanche................................	0,0023

Propriétés médicales. — Par le grand nombre de leurs sources, la variété de leur température et de leur composition chimique, les eaux de Luchon offrent des ressources thérapeutiques très-étendues. Elles produisent sur l'économie une excitation signalée par des rougeurs et des démangeaisons à la peau, l'aumgentation de la transpiration et de la sécrétion des urines, de l'agitation et de l'insomnie ; le pouls s'élève et devient plus fréquent, quelquefois il survient de l'oppression, de la céphalalgie. Prises en boisson, elles sont nauséeuses, pesantes à l'estomac, et provoquent même parfois des irritations gastriques. Ces caractères suffisent pour faire

comprendre qu'elles ne conviennent nullement
aux organisations faibles et délicates, et dans
tous les cas où il existe des signes de pléthore,
d'hypertrophie du cœur ou d'inflammation; ce
qui fait qu'on ne doit pas les employer sans discernement, et que leur action doit-être sur-
veillée avec soin.

On prescrit les eaux de Luchon avec succès
contre les maladies chroniques de la peau, les
douleurs et les engorgements articulaires surve-
nus à la suite de fractures ou de luxations, les
fausses ankyloses, les ulcères simples ou fistuleux, les suites de plaies par armes à feu, les
tumeurs blanches, les engorgements scrofuleux,
les paralysies, les rhumatismes, l'asthme humide, les catarrhes chroniques, les fleurs-blanches, la chlorose. Elles sont encore avantageusement administrées dans les ophthalmies, les
engorgements de viscères abdominaux, les embarras gastriques accompagnés de digestion difficile; dans les affections nerveuses, telles que
l'hystérie, l'hypochondrie; dans la gravelle et
les autres affections des organes urinaires; dans
les accidents consécutifs de la syphilis ou d'un
traitement mercuriel exagéré.

Les eaux de Luchon s'administrent en boisson, en bains entiers ou demi-bains, en dou-

ches, vapeurs, lotions ou injections. Pour rendre
le traitement moins actif, on acclimate le malade en le faisant passer successivement d'une
source plus faible à une autre plus forte. La dose
de la boisson est de deux à trois verres, que l'on
coupe le plus souvent avec du lait et de l'eau
gommeuse.

Les bœufs et les chevaux aiment assez se dé-
saltérer au courant des sources sulfureuses de
Luchon ; cette boisson les préserve ordinairement de la *pousse*.

L'eau s'altère beaucoup par le transport, et
perd très-vite une grande partie de ses qualités
thérapeutiques.

VII.

AX

(Ariège).

Topographie. — La petite ville d'*Ax* est située sur les bords de l'Ariège, dans l'ancien
comté de Foix, à 212 kilomètres de Toulouse,
17 de Tarascon, 19 de la vallée d'Andorre, et à
710 mètres au-dessus du niveau de la mer.
Sa population est de 2,000 habitants environ ;
ses rues sont étroites et tortueuses, ses mai-

sous vieilles et mal bâties. Les communications
y sont faciles, l'air vif et pur, la nourriture saine
et à bon marché ; elle peut loger jusqu'à mille
étrangers.

La vallée où se trouve situé Ax est d'un aspect sauvage et aride ; dans les montagnes qui
l'entourent, se trouvent plusieurs châteaux en
ruine, débris de la féodalité, lesquels donnent à
ce pays un caractère pittoresque et un intérêt
tout-à-fait romantique. Celui de Lordot est le
plus remarquable de tous ; on fait l'ascension du
mont *Saint-Barthélemy*, dont la hauteur est de
2,380 mètres, et du haut duquel on a une vue
magnifique ; enfin on va visiter la vallée d'Andorre, fertile et riant paysage, dont les habitants
passent pour avoir conservé toute la simplicité
des mœurs pastorales antiques.

Sources et établissements. — A Ax, les sources minérales jaillissent de toutes parts ; Pilhes
en compte jusqu'à cinquante-trois, qui proviennent d'un terrain granitique ; elles impreig-
nent l'air de leurs vapeurs fortes et pénétran-
tes, qui se font sentir dans toute la vallée ; de
sorte qu'il semble que l'on vit au milieu d'une
atmosphère hépatique. Ces eaux sont très-anciennement connues. L'hôpital, qui fut bâti

en 1200, fut, dans l'origine, une léproserie élevée au milieu de ce bassin sulfureux; on voit encore à Ax une piscine qui porte le nom de *Bain
des ladres* ou *des lépreux*.

La plupart des sources d'Ax ne sont pas employées en médecine, et servent aux usages domestiques; quelques-unes seulement sont exploitées par trois établissements. — Celui du *Teix*
est le plus important, le plus vaste et le plus fréquenté. L'établissement *Sicre* est un édifice de
construction nouvelle, élevé avec goût et élégance : c'est l'établissement du beau monde; il
offre douze baignoires en ardoise noire, deux
douches et un bain de vapeur. L'établissement
de *Couloubret*, vieux et délabré, est actuellement fort négligé.

Propriétés physiques. — Toutes les sources
d'Ax se ressemblent beaucoup par leurs propriétés physiques et par leur composition chimique. Elles sont constamment claires et limpides; leur saveur est sulfureuse; elles répandent une forte odeur d'œufs couvés qui se fait
sentir au loin; elles charrient beaucoup de
glairine, ce qui les rend onctueuses et grasses
au toucher.

Leur température est, en général, très-

élevée; voici celle des sources les plus usitées :

Les Canons..............................	75° 50 c.
Sicre Fontan............................	59° 50
Bains du Teix, de l'Étuve..............	70° 15
Bains du Couloubret....................	45° 50

M. Magne-Lahens, pharmacien à Toulouse,
a analysé l'eau de plusieurs sources d'Ax. Voici
les résultats que lui a fourni celle du *Teix* :

Pour un litre d'eau.

Acide hydrosulfurique.................	q. ind.
	gr.
Chlorure de sodium....................	0,0163
Carbonate de soude sec................	0,1090
Matière organique azotée.	0,0052
Silice dissoute.......................	0,1090
Silice non dissoute...................	0,0509
Carbonate de chaux....................	0,0066
Fer et alumine.......................	0,0044
Magnésie.............................	Traces.
Eau et perte.........................	0,0510
	0,3524

Propriétés médicales.—Les eaux d'Ax offrent,
par leur grande variété, de puissantes ressources thérapeutiques ; aussi, il est peu de maladies

chroniques contre lesquelles on ne les ait employés avec avantage ; elles sont efficaces surtout dans les vieilles maladies cutanées ; dans les affections catarrhales, l'asthme humide, les engorgements abdominaux ; dans les maladies des os et des articulations, le vice scrofuléux, les plaies et les ulcères, les rhumatismes chroniques, les paralysies, les maladies du foie et de la rate, les engorgements de l'utérus, et, en général, dans les affections chroniques des organes génito-urinaires, chez les deux sexes. Elles sont très-actives et réclament par conséquent beaucoup de ménagements dans leur emploi.

Ces eaux sont administrées en bains, en douches, en vapeurs, en boisson ; mais la haute température de la plupart des sources ne permet pas de les employer avant une réfrigération convenable.

VIII.

VERNET—LES—BAINS

(Pyrénées-Orientales).*

Topographie. — Sur le penchant nord-ouest du mont Canigou, qui se détache de la chaîne

---

* Le département des Pyrénées-Orientales, qui se compose presque tout entier de l'ancien Roussillon, est un des plus heu-

des Pyrénées et s'avance, comme un immense
promontoire, vers le nord-est ; on trouve, dans
le bassin de la Tet, et sur la rive droite de cette
petite rivière, le petit village de *Vernet-les-
Bains*, situé sur un monticule qui domine une
vallée riante et fertile, et lui donne un aspect
des plus pittoresques. Ce village fait partie de
l'arrondissement de Prade ; il est à 4 kilomètres
de Villefranche-de-Conflent, 8 de Prade, et 32
de Perpignan. On y arrive par la route de Perpignan à Mont-Louis, laquelle, après avoir
suivi le cours de la Tet et traversé des gorges
de montagnes escarpées qui la surplombent,

reusement situés. Son climat est doux et tempéré ; l'olive, l'o-
range et le citron y mûrissent en pleine terre ; ses vins sont
exquis et très-estimés. Il est, de plus, très-riche en eaux minérales, et M. Anglada, professeur de chimie à l'école de Montpellier, qui fut chargé, en 1818, par le Conseil général de ce
département, de les analyser et d'en faire connaître les précieuses qualités, en a rencontré dans plus de quarante communes. Huit établissements thermaux sont ouverts au public et
offrent aux malades toutes les ressources de la thérapeutique
et de la vie privée. Cependant, malgré tous ces avantages, ces
eaux avaient été négligées, ignorées, et c'est à peine si on les
trouve mentionnées dans les recueils spéciaux. Ce n'est que
dans ces derniers temps qu'elles ont acquis toute la réputation
qu'elles méritent à si juste titre. On obéissait à la routine, on
suivait la foule qui se transportait à *Cauterets*, à *Baréges* ou
à *Luchon*, tandis qu'on aurait souvent trouvé au *Vernet*, à
Arles ou à *Molitg* des eaux plus appropriées à sa maladie.

10

à droite et à gauche, en laissant à peine l'espace nécessaire pour le passage de là rivière et celui de la route, se bifurque à Villefranche, et se dirige vers le sud jusqu'à la porte de l'établissement des bains.

On trouve, à Vernet, des provisions de toute espèce, du gibier excellent, du mouton, de l'izard, du poisson, du laitage et des fruits délicieux. Le climat y est tempéré, l'air y est vif et pur. Les environs offrent le plus grand intérêt pour les naturalistes et les curieux.

Les baigneurs ne manquent pas d'aller visiter les ruines de l'antique monastère de *Saint-Martin-de-Canigou*, bâti au commencement du xıe siècle, par Guifred, comte de Cerdagne, et Guisla, sa femme; le *fort de Villefranche*, bâti par Vauban, et sa *grotte;* les ruines de l'*Abbaye de Saint-Michel;* la grotte si remarquable de *Fulla*, avec ses belles stalactites; les forges de *Sahorre* et de *Ria;* enfin, lorsqu'on se trouve ingambe et dispos, on fait l'ascension du *Canigou,* l'un des pics les plus élevés et cependant des plus accessibles des Pyrénées, du haut duquel on a une magnifique vue sur le Roussillon.

Sources et établissements. — En 1788, l'établissement de Vernet ne consistait qu'en une grande piscine renfermée dans un bâtiment antique qui soutenait une magnifique voûte, objet d'admiration pour les voyageurs. Cette piscine avait 10 mètres de long sur 5 de large et 1 de profondeur. Tout autour règnaient trois marches sur lesquelles s'assayaient les baigneurs. Le docteur Barrère, qui acheta, à cette époque, la propriété des bains, combla la piscine et disposa dans le bâtiment huit cabinets de bain, une étuve et une buvette.

Tel était l'état des bains du Vernet lorsque M. Anglada les visita, en 1818. Mais, depuis, les choses ont bien changé, et, grâce aux soins intelligents des nouveaux propriétaires de ces eaux, les commandants Couderc et Lacrivier, qui se sont attachés à restaurer l'ancien établissement, et à l'agrandir par l'adjonction de nouveaux bâtiments considérables, le *Petit-Saint-Sauveur*, le *Saint-François*, le bâtiment de la *Source Éliza*, ce lieu réunit aujourd'hui non-seulement les moyens thérapeuthiques les plus complets et les plus variés que comportent les établissements de ce genre, mais encore toutes les ressources désirables du bien-être et du confortable à l'usage des baigeurs. De telle sorte que l'établissement thermal du Vernet peut être mis au rang des premiers de l'Europe. Une affluence de malades toujours plus considérable vient, chaque année, demander la santé aux thermes du Vernet, et payer ainsi aux commandants Couderc et Lacrivier un juste tribut de reconnaissance, pour leurs généreux efforts et leur zèle philanthropique.

Les baigneurs trouvent, dans cet établissement, des appartements commodes et meublés avec goût, ce qui leur procure l'immense avantage de prendre les bains et de vivre sans s'exposer aux influences de l'air extérieur ; des tables-d'hôte servies avec profusion et variété, dans des prix très-modérés et à la portée de toutes les bourses ; des cuisines pour l'usage des personnes qui voudraient vivre à part ; des jardins, des terrasses, une chapelle, un salon de compagnie avec piano, une salle de jeu, un billard, etc. Enfin, à l'aide d'un procédé aussi simple qu'ingénieux, on est parvenu, en utilisant la chaleur naturelle des sources, à entretenir dans les appartements une température douce et toujours égale, ce qui fait que les rigueurs de l'hiver ne s'y font pas sentir, et qu'on peut y prendre les eaux en toute saison. On sait, du reste, qu'Ibrahim-Pacha, le fils du vice-roi d'Égypte, passa au Vernet l'hiver de 1846, pour se guérir d'une maladie cruelle.

Cet établissement exploite onze sources, dont la température varie de 19 à 58° c., et qui servent à l'entretien :

1° D'un *Vaporium* (le seul qui existe en France), composé de huit cabinets d'étuves, dont la température peut être augmentée ou diminuée à volonlé. Ce Vaporium, de forme circulaire et couvert d'un dôme vitré, est établi sous la voute de l'ancien établissement ;

2° De trois cabinets de douches creusés dans le roc. Au moyen des appareils variés et des ajustages divers dont ces cabinets sont pourvus, on peut administrer vingt combinaisons de douches différentes : douche écossaise, perpendiculaire, ascendante, parabolique, latérale, etc. ;

3° De trois buvettes, de température et de composition chimique différentes ;

4° De vingt-quatre baignoires en marbre, propres et commodes, dont deux sont disposées pour des bains domestiques ;

5° Enfin, d'une vaste piscine, ou bassin de natation, de 35 mètres de long, sur 13 de large, couverte d'une voûte, et dans laquelle l'eau se renouvelle constamment, par le trop-plein de toutes les sources.

L'établissement est disposé de manière à permettre l'application du traitement hydropathique, lorsque les cas l'exigent.

Les eaux du Vernet sont limpides, onctueuses au toucher; elles ne louchissent pas à l'air; elles répandent une odeur très-marquée d'œufs durcis; leur saveur est sulfureuse, avec un arrière goût salin; elles ternissent promptement l'argenterie.

Leur température varie de 19 à 58° c., selon les sources.

Lors du passage de M. Anglada au Vernet, on n'y connaissait que quatre sources qui entretenaient l'ancien établissement, et que l'on désignait par les nos 1, 2, 3 et 4. L'analyse de la source n° 1 lui donna :

Pour un litre d'eau.

	gr.
Glairine.	0,0090
Hydrosulfate de soude cristallisé	0,0593
Carbonate de soude	0,0571
Sulfate de soude	0,0291
Chlorure de sodium	0,0121
Silice	0,0496
Carbonate de chaux	0,0008
Sulfate de chaux	0,0037
Carbonate de magnésie	Traces
Perte	0,0051

En 1841, M. Bouis, professeur de chimie à Perpignan, donna l'analyse d'une des sources du Petit-Saint-Sauveur; cette analyse diffère peu de celle de M. Anglada.

M. le docteur Fontan, chargé par le ministre d'analyser les eaux des Pyrénées, s'exprime ainsi dans son rapport :

« M. Anglada et M. Bouis, de Perpignan, ont
» donné une bonne analyse de ces eaux; et je
» ne diffère d'opinion avec ces auteurs, qu'en ce
» qu'ils n'ont admis la soude qu'à l'état de car-
» bonate, tandis qu'elle existe principalement à
» l'état de silicate, et que celle qui existe à l'état
» de carbonate est en petite proportion; et en
» ce que j'ai trouvé que ces eaux contenaient des
» traces de fer que ces Messieurs n'avaient pas
» admises. »

Propriétés médicales. — Les maladies chroniques du larynx, de la poitrine, des voies digestives, des organes génito-urinaires, chez l'homme et chez la femme, sont traitées avec le plus grand succès par les eaux du Vernet; il en est de même des dermatoses, soit simples, soit compliquées de syphilis ou d'accidents mercuriels. Les maladies chirurgicales, telles que les ulcères inertes, les cicatrices douloureuses,

les engorgements articulaires.; les fausses ankyloses se trouvent toujours puissamment modifiées; quand elles ne sont pas complètement
guéries, par l'heureuse influence de ces eaux.
Mais peu de malades, dit M. Bertrand, trouvent à Vernet un soulagement plus rapide que
ceux qui sont atteints de rhumatismes musculaires ou articulaires chroniques... Il arrive
alors, souvent, que tels baigneurs qui n'ont
pas eu depuis longtemps d'attaques de rhumatisme, se voient, à la fin d'une saison, en
proie à leur ancienne affection. Disons que ce
retour n'a rien d'alarmant; qu'il fait bientôt
place à un calme inattendu, et que, dans la
pluralité des cas, ce phénomène est d'un bon
augure.

L'abus des eaux du Vernet ne serait pas sans
danger, et peut même devenir quelquefois per-
nicieux et occasionner des accidents graves;
il faut donc en user avec les plus grandes précautions, au début, et on augmente ensuite
graduellement cet usage, ou bien on y re-
nonce complètement, selon l'occurence. L'eau
se boit à jeun ou aux repas; dans le premier
cas, il sera bon de la couper avec du lait ou de
l'orgeat.

IX.

ARLES—LES—BAINS
(Pyrénées-Orientales).

Topographie. — *Arles-les-Bains,* appelé aussi, depuis quelques années, en vertu d'une ordonnance royale, *Amélie-les-Bains,* est un petit village de 500 habitants environ, dont la construction remonte au xive siècle. Il est situé sur la rive gauche du Tech et sur la route qui va de Perpignan en Espagne, à 5 kilomètres d'Arles, chef-lieu du canton, 8 kilomètres de Céret et 29 kilomètres de Perpignan. Son élévation est de 276 mètres au-dessus du niveau de la mer. Il est assis au pied d'une colline sur laquelle Louis XIV fit bâtir un fort que l'on appelle *Fort-les-Bains,* destiné à défendre le passage d'Espagne, et qui ne contribue pas peu au pittoresque du paysage. Des communications fréquentes existent, tous les jours, entre Perpignan et le village des Bains. Quoi qu'on soit au milieu des montagnes, le climat y est fort doux, aussi la saison des bains y dure-t-elle plus longtemps que dans la plupart des autres thermes des Pyrénées, et l'on voit

même des malades qui la prolongent, comme à
Vernet, pendant tout l'hiver.

Les environs d'Arles-les-Bains offrent le plus
grand intérêt au voyageur et à l'artiste. La grande
route qui borde le Tech est ombragée d'arbres
magnifiques ; c'est le rendez-vous habituel pour
la promenade. Non loin du village, le Mondony,
petite rivière, forme, avant de se jeter dans le
Tech, une belle cascade, connue sous le nom de
Douche d'Annibal. On trouve aussi aux environs,
dans la montagne de Batère, de riches mines de
fer, la grotte d'*Eu-Pey*, remarquable par son
étendue et la beauté de ses stalactites, et le vaste
abîme connu sous le nom de la *Fou*, qui offre
une perspective si sauvage ; enfin, on ne man-
quera pas de visiter le pont de Céret, un des
monuments les plus curieux des Pyrénées. Ce
pont, jeté sur le Tech, est remarquable par la
hardiesse de sa construction. Il est formé d'une
seule arche, dont l'ouverture est de 44 mètres,
la largeur de 5 mètres, et l'élévation, de la clef
de voûte au niveau des eaux ordinaires, de
29 mètres. Les archéologues ne sont pas d'accord sur l'époque de sa construction ; mais les
paysans de la contrée racontent que le diable,
ce grand acteur qui joue un rôle dans la plupart
des légendes populaires du moyen-âge, en fut

l'architecte, et qu'il le bâtit dans une seule nuit.

Sources et établissements. — Le village d'Arles-les-Bains possède un établissement thermal qui se fait remarquer, dit M. Anglada, par ses formes colossales, par l'antiquité de son origine, et par la majestueuse simplicité de son architecture. C'est un rectangle qui reçoit le jour par une ouverture pratiquée au sommet de la voûte ; il a 24 mètres de longueur sur 12 de largeur et 12 de hauteur ; plus, la hauteur de la voûte ; les murs ont 2 mètres 33 centimètres d'épaisseur. On y voyait une vaste piscine qui existait encore lorsque Carrère visita cet établissement, dans le dernier siècle ; elle avait 65 pieds de long sur 26 de large èt 6 de profondeur. Des gradins régnaient tout autour ; un mur la séparait en deux parties, pour les deux sexes. On s'accorde généralement à regarder cet établissement comme un ouvrage des Romains. L'empressement de ce peuple à utiliser les sources thermales, le genre d'architecture, la situation d'Arles, près du passage si fréquenté qui conduisait des Gaules en Espagne, par la vallée de Bellegarde, tout concourt à accréditer cette opinion.

Les thermes d'Arles–les–Bains furent donnés, par Charlemagne, en 786, à un couvent de Bénédictins établi à Arles ; plus tard, ils ont appartenu à la commune, puis à divers propriétaires, et ils ont subi des modifications importantes sous chacun de ces maîtres. Enfin ils sont aujourd'hui la propriété du docteur Hermabessière, homme plein de goût et de talent, qui en a fait un des établissements les plus importants et les plus complets des Pyrénées. Il a placé, sous la voûte de l'antique édifice, vingt-quatre cabinets de bains garnis de baignoires en marbre, dont douze contiennent, en outre, les appareils nécessaires pour les douches de tout genre et les bains de vapeur. Des bassins ont été établis pour opérer la réfrigération de l'eau, à différents degrés. Des logements sont groupés autour de la salle des thermes, de telle sorte que les malades y abordent à l'abri de l'influence de l'air extérieur ; ces logements se composent de cinquante-sept chambres meublées avec convenance et propreté, de salle à manger, de salon de compagnie, avec journaux, livres, piano ; de jardins, de remises, etc., etc. Le propriétaire ne s'en est pas tenu là ; il a voulu encore disposer son établissement pour les bains d'hiver, et il faut avouer qu'il a été singulièrement secondé

dans cette entreprise par la douceur du climat,
par l'abondance et la haute température de ses
eaux, qui sont des plus chaudes des Pyrénées.

« Grâce à une donnée première jetée dans nos
» contrées par M. le professeur Lallemand, dit
» M. Hermabessière, j'ai pu, en 1846, réaliser
» une amélioration nouvelle, qui est de nature à
» faire une révolution dans la médecine hydrolo-
» gique, je veux parler du chauffage de l'établis-
» sement et de ses dépendances, par l'eau ther-
» male. A l'aide de cette innovation, mon éta-
» blissement peut être fréquenté toute l'année, et
» permet de traiter avec succès, pendant l'hiver,
» les affections qui ont tout à redouter des in-
» fluences humides et froides de cette saison. »[*]

Le succès a payé les efforts philanthropiques
de M. Hermabessière, et, cette année, la saison
d'hiver se compose d'une trentaine de personnes
venues de Paris, de Lyon, de Strasbourg et de
plusieurs autres contrées de la France. [**]

M. Anglada conseillait au gouvernement de

---

[*] *Lettre de M. le docteur Hermabessière à l'auteur.* —
Arles, 1851.

[**] Le prix des chambres varie de 1 fr. à 2 fr. par jour ; celui
de la table-d'hôte est de 4 fr. ; les bains et les douches sont fixés
à 80 c., linge compris.

fonder un hôpital militaire à Arles–les–Bains, dont les eaux, beaucoup plus abondantes que celles de Baréges, ne sont pas moins salutaires. Ce conseil a été enfin écouté, et l'administration de la guerre a fait, en 1847, l'acquisition d'une source destinée à l'entretien d'un hôpital militaire déjà fort avancé dans sa construction, qui doit contenir 125 lits d'officiers et 375 lits de sous-officiers et soldats.

Les sources chaudes se multiplient, autour de l'établissement d'Arles–les–Bains, avec une profusion remarquable. M. Anglada en compte quatorze qui surgissent d'une montagne de nature granitique. Les principales sont : 1º la *Grande-Source*, ou *Gros Escaldadou*, qui sort du rocher à cent pas de l'établissement. Elle fournit un million et quelque mille litres par jour ; sa température est de 61º 25 c. ; 2º Le *Petit Escaldadou* jaillit non loin de la première ; température, 62º c. ; 3º la source *Manjolet* surgit à 150 pas de la Grande Source ; elle est d'un faible volume, et ne fournit, par jour, que 6,422 litres. Sa température est de 43º,25 c. C'est la buvette des bains d'Arles.

Propriétés physiques. — Toutes ces sources diffèrent peu, tant par leurs propriétés physi-

ques que par leur composition. Elles sont d'une
parfaite limpidité, onctueuses au toucher, d'une
saveur douceâtre, d'une odeur d'œufs durcis.

M. Anglada, qui a analysé la plupart de ces
sources, y a constaté la présence des mêmes
principes, à des doses différentes. Voici les ré-
résultats de l'analyse de la Grande-Source :

Pour un litre d'eau.

	gr.
Glairine..	0,0109
Hydrosulfate de soude..........................	0,0396
Carbonate de soude.............................	0,0750
Carbonate de potasse...........................	0,0026
Chlorure de sodium.............................	0,0418
Sulfate de soude...	0,0421
Silice..	0,0902
Carbonate de chaux.............................	0,0008
Sulfate de chaux.................................	0,0007
Carbonate de magnésie.........................	0,0002
	0,3039

Propriétés médicales. — Les eaux d'Arles-
les–Bains sont surtout efficaces contre les affections rhumatismales ou arthritiques chroniques, les névralgies sciatiques, les maladies
si nombreuses et si variées du système cutané,
les affections des organes génito–urinaires, tel-

les que catarrhe vésical, gravelle, engorgements prostatiques, engorgements du col de
l'utérus, leucorrhée, les suppressions ou irré-
gularités du flux menstruel. On les emploie
avec avantage dans les affections strumeuses,
où elles hâtent la résolution des engorgements
glanduleux, et modifient activement le vice scrofuleux; dans les affections laryngées, bronchiques ou pulmonaires, à l'état de chronicité, et
lorsqu'elles ne sont pas accompagnées de fièvres;
dans les accidents consécutifs de syphilis invé-
térée, et dans les désordres produits par le traitement mercuriel exagéré. Elles agissent de la
manière la plus avantageuse dans les ulcères atoniques, fistuleux, les caries osseuses, les accidents consécutifs des fractures, des luxations,
des entorses. Dans les plaies par armes à feu,
elles hâtent l'expulsion des corps étrangers et
favorisent la formation des cicatrices. Enfin, elles résolvent les engorgements articulaires et les
fausses ankyloses. M. le docteur Hermabessière
prétend qu'elles produisent les effets les plus salutaires en provoquant une révulsion lente et
soutenue sur le système cutané, et il les emploie contre toutes les maladies qui réclament ce
genre de médication; telles sont les affections de
la poitrine ou de l'estomac; certaines affections

nerveuses, hypocondriaques; les engorgements du foie, de la rate, et en général des viscères abdominaux. Par suite de ce traitement tonique, il a vu des malades, doués d'une excessive irritabilité de la peau, et qui éprouvaient des dérangements aux plus légers changements de température, acquérir une force de réaction qui leur avait été jusqu'alors inconnue.

Les eaux d'Arles-les-Bains sont employées en boisson, pures ou coupées avec de l'eau d'orge, du lait, du sirop, etc.; en bains partiels ou généraux, entièrement minéraux ou mitigés avec l'eau de rivière; en bains de vapeur sulfydrique, naturelle; en douches, lotions, injections, à toutes les températures.

On exporte l'eau de la source *Manjolet*, laquelle peut se conserver sans altération pendant quelques mois.

X.

LA PRESTE

(Pyrénées-Orientales).

Topographie. — Non loin des sources du Tech, au milieu d'une nature sauvage et tourmentée, se trouvent, sur un plateau élevé et dans une perspective des plus pittoresque, les bains de *La Preste*. Le hameau qui leur donne son nom est situé à 2 kilomètres, à l'orient, sur le versant opposé d'une montagne qui l'en sépare ; à 56 kilomètres de Perpignan, 20 d'Arles et 8 de Prats-dé-Mollo, le chef-lieu de la commune à laquelle il appartient. On y arrive par la route de Perpignan à Arles et à Prats-de-Mollo, qui suit la rive gauche du Tech, et par laquelle il s'entretient, pendant la saison des bains, de fréquentes communications.

L'établissement thermal, situé au bout d'une belle avenue et entouré de magnifiques plantations d'arbres, se présente avec tout l'attrait de la perspective la plus romantique. Longtemps cet établissement ne consista qu'en un bassin recouvert d'une voûte antique où les bains se prenaient en commun, mais le docteur Hortet, propriétaire de ces thermes, y a établi huit cabinets de bains fort commodes, des douches, une buvette appelée *Fontaine d'Apollon*, enfin, il en a fait, sur une petite échelle, un des établissements les plus agréables et les plus élégants des Pyrénées. De plus, il s'est appliqué à réunir en ce lieu tout ce qui peut contribuer à l'utilité et à l'agrément des baigneurs : une maison d'habitation avec une table-d'hôte bien ser-

vie; tout autour, des allées, des terrasses avec
des belvédères d'où la vue s'étend au loin et
domine un paysage des plus heureusement acci-
dentés pour le coup-d'œil. Cinq ou six cents malades, venus des départements voisins et de la
Catalogne, visitent chaque année cet établissement, depuis la fin de mai jusqu'au 15 septembre.*

Les baigneurs ne manqueront pas d'aller visiter, dans les environs, la curieuse grotte de
Britchot, remarquable par ses colonnes de stalactites et de stalagmites, les sources du Tech
qui sortent des flancs du *Costa-Bona*, et ils feront l'ascencion de cette montagne dont on peut
atteindre le sommet à cheval malgré sa grande
élévation.

On trouve à la Preste quatre sources d'eau
minérale ; une seule, la *Grande-Source* ou
Source d'Apollon, est utilisée pour les besoins
de l'établissement; elle fournit environ 310,000
litres par jour. L'eau a l'odeur et la saveur particulières aux eaux sulfureuses; elle dépose
beaucoup de glairine et est savonneuse au toucher. La température est à 44° c.

---

* On ne peut préciser à quelle époque remonte la fondation
des bains de la Preste ; Carrère leur attribue une certaine antiquité.

Voici l'analyse obtenue par M. Anglada :

Pour un litre d'eau.

		gr.
Glairine	....	0,0103
Hydrosulfate de soude	....	0,0127
Carbonate de soude	....	0,0397
Carbonate de potasse	....	Traces.
Sulfate de soude	....	0,0206
Chlorure de sodium	....	0,0014
Silice	....	0,0421
Carbonate de chaux	....	0,0009
Sulfate de chaux	....	0,0007
Carbonate de magnésie	....	0,0002
Perte	....	0,0051

Les eaux de la Preste facilitent la transpiration et augmentent le cours des urines ; aussi les emploie-t-on avec succès et d'une manière toute spéciale dans la gravelle, les catarrhes de la vessie, la goutte, les coliques néphrétiques et les autres maladies des reins. On les prescrit encore dans les embarras du tube digestif, dans les scrofules, les rhumatismes chroniques, les maladies cutanées et les engorgements articulaires.

Ces eaux s'administrent en bains et en boisson, à la dose de deux à cinq verres par jour, pures ou coupées avec de l'eau d'orge, de chiendent, du lait, etc. Elles sont très-actives, ce qui

nécessite beaucoup de prudence et de discernement dans leur emploi. On se gardera de les prescrire dans les affections inflammatoires, dans la
pléthore, les congestions imminentes, l'hémoptysie, les palpitations, l'hypertrophie du cœur.

XI.

MOLITG

(Pyrénées-Orientales).

Topographie. — La route de Perpignan à
Mont-Louis est coupée, à Prades, par un em-
branchement qui se dirige vers le nord, et qui,
après un parcours de 9 kilomètres à travers
un paysage varié, aboutit directement à *Molitg*,
petit village de 600 habitants, situé au milieu
des montagnes, sur un plateau assez élevé et
au bas duquel jaillissent les sources minérales,
qui sont exploitées par deux établissements
thermaux. Le plus considérable, celui de
Llupia, alimenté par trois sources, possède dix
baignoires et deux buvettes; le second, appelé
Bains-Mamet, a huit baignoires et une douche;
il est alimenté par onze sources. Ces établissements sont situés à 2 kilomètres du village,
au bas d'une descente très-rapide. Une avenue

nouvellement établie et dont la pente a été habilement ménagée, permet aux voitures d'y
arriver sans difficulté. Le château gothique de
Paracols a été disposé de manière à offrir une
habitation commode pour les étrangers.

Sources et établissements. — Tout est de
fraîche date dans l'histoire des thermes de Molitg. Lorsqu'en 1818, M. Anglada analysait les
eaux du département des Pyrénées-Orientales,
l'établissement Llupia existait seul, depuis peu
de temps. Les sources Mamet furent achetées
par un particulier de ce nom qui, rebuté des
contrariétés qu'il éprouvait dans l'établissement
public, y fit construire, pour son usage particulier, une baraque en planches dans laquelle il
plaça une baignoire. Plus tard, ces sources devinrent la propriété du marquis de Llupia, le
fondateur du premier établissement, et la baraque en bois fut transformée en un second
établissement.

Propriétés physiques. — L'eau employée dans
les deux établissements offre les mêmes propriétés physiques et chimiques. Elle est limpide, incolore; son odeur est celle des œufs
durcis, qualité qui est propre aux hydrosulfates

humides placés au contact de l'air. Elle produit
sur la peau une onctuosité savonneuse très-
marquée, et contient une grande quantité de
glairine. Sa température est de 37° c.

L'analyse chimique a donné à M. Anglada :

Pour un litre d'eau.

	gr.
Glairine...	0,0073
Hydrosulfate de soude cristallisé............	0,0436
Carbonate de soude............................	9,0715
Carbonate de potasse.........................	0,0119
Sulfate de soude...............................	0,0111
Chlorure de sodium...........................	0,0168
Silice..	0,0411
Sulfate de chaux..............................	0,0013
Carbonate de chaux...........................	0,0023
Carbonate de magnésie........................	0,0002
Perte...	0,0030

Propriétés médicales. — Les eaux de Molitg
sont essentiellement excitantes, et provoquent
souvent, les premiers jours, un léger mouvement fébrile, ce qui exige, en commençant,
une certaine modération dans leur usage. Elles
augmentent la sécrétion des urines, de la transpiration, et stimulent les membranes muqueu-
ses. On les emploie surtout avec succès dans
les affections cutanées, spécialité qu'elles doivent, probablement, à la grande quantité de

glairine qu'elles contiennent, laquelle lubrifie la peau et la rend douce au toucher, comme si elle était ointe d'une huile ; cette propriété paraît encore très-favorable au traitement des plaies et des ulcères. Elles sont très-efficaces dans les scrofules, les embarras gastriques, les catarrhes pulmonaires, les affections des organes génito-urinaires ; dans les maladies particulières aux femmes, l'hystérie, la chlorose, la suspension ou la trop grande abondance des menstrues, les engorgements du col de l'utérus. On les prescrit encore dans les rhumatismes chroniques, les douleurs articulaires, suite d'entorses ou de luxations.

Les eaux de Molitg sont administrées principalement en bains. La glairine les rend indigestes et pesantes à l'estomac, ce qui fait qu'on est obligé d'en boire très-peu et de la couper avec une boisson délayante.

XII.

VINÇA

(Pyrénées-Orientales).

Topographie. — La petite ville de *Vinça*, chef-lieu de canton, de 2,000 habitants, est située à l'extrémité d'une belle et riche vallée à laquelle elle donne son nom, sur la rive droite de la Tet, et sur la route qui va de Perpignan à Mont-Louis; à 25 kilomètres de Perpignan, et 9 kilomètres de Prades.

Un établissement thermal d'un abord facile, et qui offre quelques logements assez commodes aux baigneurs est situé à un kilomètre de la ville. Encouragé par les bons effets que les eaux de Vinça produisaient sur quelques paysans des environs, M. Escaugé le construisit en 1817. Il est très-fréquenté pendant la belle saison, à cause de la proximité de Perpignan.

Propriétés physiques. — L'eau est d'une limpidité parfaite, onctueuse, d'une saveur sulfureuse et saline à la fois, laissant apercevoir un dégagement continu de petites bulles gazeuzes, lorsqu'on la regarde à travers un verre; elle dépose de la glairine. Sa température, n'étant que de 23° 50 c., oblige de la chauffer dans une chaudière couverte, pour l'administrer en bain, ce qui occasionne l'évaporation d'une partie des principes sulfureux. La source débite 20 mètres cubes environ par jour.

M. Anglada a fait l'analyse de l'eau de Vinça, qui a donné :

11

Pour un litre d'eau.

		gr.
Glairine		0,0066
Hydrosulfate de soude		0,0259
Carbonate de soude		0,0788
Sulfate de soude		0,0443
Chlorure de sodium		0,0331
Silice		0,0448
Sulfate de chaux		0,00305
Carbonate de chaux		0,00395
Carbonate de magnésie		0,00035

Propriétés médicales — On conseille l'usage de ces eaux dans les maladies cutanées chroniques, les catarrhes chroniques des bronches, de la vessie ou de l'utérus, les douleurs nerveuses, l'inertie des organes digestifs. Elles sont administrées avec succès aux personnes dont la poitrine est délicate ou dont l'organisation est épuisée, et aux enfants atteints d'engorgements strumeux. — Elles réussissent encore dans les rhumatismes et la paralysie.

Les eaux de Vinça sont administrées surtout en boisson. La nécessité de faire chauffer l'eau pour les bains lui fait perdre, comme nous venons de le dire, une partie de ses vertus et la rend peu active, ce qui fait qu'elle est peu usitée sous cette forme.

XIII.

ESCALDAS

(Pyrénées-Orientales).

Topographie. — Le village d'Escaldas (Aguas Caldas) doit probablement son nom aux sources thermales qu'on y trouve. Il est situé à 4 kilomètres de Livia, 6 de Puycerda (Espagne), et 80 de Perpignan. La hauteur à laquelle il est élevé, donne à son horizon une vaste étendue et domine les contrées pittoresques de la Cerdagne. La vie y est bonne et à bon marché, on y trouve surtout d'excellent gibier. Malgré l'élévation, le climat est assez doux.

Les eaux d'Escaldas sont fréquentées par les habitants des contrées voisines. La proximité des frontières y attire un grand concours d'Espagnols de la Cerdagne, de la Catalogne et même de Barcelone.

Établissements. — Ce village possède deux établissements de bains qui offrent tous les deux, aux baigneurs, des logements propres et commodes ; ce sont :

1° L'établissement Colomer, entretenu par la grande source, qui débite 795,541 mètres cubes d'eau par vingt-quatre heures. Il possède huit baignoires dans six cabinets, deux douches, une buvette et une grande piscine pour les bains gratuits ;

2° L'Établissement Merlat, entretenu par la source de ce nom, moins considérable que la première : quatre baignoires et une buvette.

On trouve encore à Escaldas une troisième source qui n'est pas utilisée.

Propriétés physiques. — L'eau est limpide et transparente, ne louchissant pas à l'air ; elle est onctueuse au toucher, propriété qu'elle doit à une grande quantité de glairine qu'elle tient en dissolution et qui se dépose dans les bassins. Son odeur est sulfureuse, sa saveur rappelle celle des œufs durcis. Température : Grande-Source, 42° 5 c., au Griffon; source Merlat, 33° 75 c.

M. Anglada a fait l'analyse des deux sources; comme elles diffèrent très-peu entre elles sous le rapport chimique, et que, du reste, leurs propriétés médicales sont à peu près les mêmes, nous nous contenterons de donner ici l'analyse de la grande source.

Elle a donné :

Pour un litre d'eau.

	gr.
Glairine.................................	0,0075
Hydrosulfate de soude....................	0,0333
Carbonate de soude......................	0,0274
Carbonate de potasse....................	0,0117
Sulfate de soude........................	0,0181
Chlorure de sodium.....................	0,0064
Silice.................................	0,0390
Carbonate de chaux......................	0,0003
Carbonate de magnésie..................	0,0005
Sulfate de chaux........................	0,0003

Propriétés médicales. — On emploie ces eaux avec beaucoup de succès, tant en bains qu'en boisson, dans les affections chroniques de la peau, soit simples, soit compliquées de syphilis, dans les rhumatismes chroniques, musculaires ou articulaires, dans les engorgements scrofuleux.

XIV.

THUEZ

(Pyrénées-Orientales).

Topographie. — Thuez est un pauvre petit village de 300 habitants environ, situé sur la

rive droite de la Tet, à 12 kilomètres de Mont-
Louis et 8 d'Olette, dans un pays d'un aspect
triste et sauvage, d'un abord difficile et rocail-
leux. Il semble que la nature ait voulu com-
penser tous ces désavantages, en prodiguant aux
pauvres habitants de ces contrées désolées le
bienfait des eaux minérales qui surgissent en
grande abondance dans les environs. L'une de
ces sources est reçue dans un bassin creusé
en plein air, au milieu d'un champ cultivé, et
dans lequel viennent se baigner les paysans des
environs. « En sortant du bain, dit M. An-
» glada les malades se réfugient dans une exca-
» vation creusée dans la montagne. » Ce qui
prouve que les eaux minérales n'ont pas toujours besoin, pour produire de bons effets,
d'être entourées des charmes du luxe et des
plaisirs, ou des douceurs du confortable. La
plupart des sources les plus célèbres, Baréges,
Saint-Sauveur, n'ont-elles pas débuté de cette
manière ? -

Propriétés physiques. — L'eau est limpide,
incolore, peu savonneuse au toucher, saveur
sulfureuse, odeur d'œufs durcis. Température :
45° c. au réservoir.

L'analyse chimique a donné à M. Anglada :

Pour un litre d'eau.

		gr.
Glairine		0,0393
Hydrosulfate de soude		q. ind.
Carbonate de soude		0,0874
Carbonate de potasse		Traces.
Sulfate de soude		0,0726
Chlorure de sodium		0,0174
Silice		0,0796
Carbonate de magnésie		0,0219

Propriétés médicales. — Ces eaux ont a peu près la même vertu que les précédentes et sont employées dans les mêmes cas.

Nous passerons sous silence les sources sulfureuses de Dores, de Quez de Llo, qui ont les mêmes propriétés que celles de Thuez, et qui sont sans emploi.

XV.

CASTERA–VERDUZAN

(Gers).

Topographie. — Sur la grande route d'Auch à Condom, à **15** kilomètres environ de chacune de ces villes, et à **120** kilomètres de Bordeaux, on trouve le joli village de Castera-Verduzan et son établissement thermal, situés au fond d'un fertile et riant vallon, au milieu d'agréables paysages qui peuvent servir de but de promenade pour les étrangers. Là, l'air est vif et pur, le climat doux, la campagne bien cultivée, ce qui fait que les habitants y sont heureux et aisés, et qu'on s'y procure, à bon marché, les objets nécessaires aux besoins et aux agréments de la vie.

Sources et établissements. — L'établissement de Castera-Verduzan est de création moderne, quoique la vertu de ses eaux fut connue déjà depuis fort longtemps. Il a été fondé, en 1817, par M. le marquis de Pins. Son architecture est élégante et de bon goût; il possède vingt-huit baignoires en marbre, placées au niveau du sol, une douche et deux buvettes. Deux de ces baignoires sont réservées pour les indigents, auxquels les bains sont accordés gratis. C'est un noble et généreux exemple que nous désirerions voir imiter par tous les établissements thermaux. Un salon et de nombreux logements pour les étrangers occupent la partie supérieure de l'établissement. Il est alimenté par deux sources qui jaillissent très-près l'une de l'autre. La plus abondante, appelée *Grande-Fontaine*, est sulfureuse; elle fournit à vingt-deux baignoires; l'autre, appelée *Petite-Fontaine*, est ferrugineuse, et n'entretient que six baignoires. La réunion de ces deux sources dans le même établissement, offrant un double moyen thérapeutbique, y attire chaque année un concours de quinze cents à deux mille baigneurs.

SOURCE SULFUREUSE.

Propriétés physiques.—La source sulfureuse fournit 19,440 litres par heure, d'une eau très-limpide, de saveur douceâtre et nauséabonde. Cette eau exhale une forte odeur de foie de soufre ou d'œufs couvés; elle noircit l'argent, laisse dégager des bulles de gaz hydrogène sulfuré, et dépose beaucoup de matière glaireuse. Sa température est de 24° c., et ne varie pas, malgré les changements de l'atmosphère.

M. Manas, de Condom, a traité cette eau par les réactifs, et en a obtenu du gaz hydrogène sulfuré, du gaz acide carbonique, de l'acide hydrochlorique, de l'acide sulfurique, de la chaux et de la magnésie. 20 kilogrammes de cette eau, évaporés jusqu'à siccité, ont donné un résidu pesant 25 grammes 6 décigrammes. Ce résidu, envoyé à Paris et analysé par Vauquelin, a fourni ce qui suit :

		gr.
Humidité		0,20
Sels solubles composés de.......	Muriate de chaux..............	0,50
	Matière animale..............	0,22
	Sulfate de chaux.............	0,20
	Sulfate de soude..............	0,10
	Muriate de soude et traces de sous-carbonate.............	0,13
Sels insolubles composés de.......	Sulfate de chaux..............	1,46
	Carbonate de chaux...........	0,81
	Matière animale..............	0,08

SOURCE FERRUGINEUSE.

Propriétés physiques. — La source ferrugineuse fournit 11,040 litres par heure. Son eau est froide, limpide, inodore, incolore, de saveur styptique, fraîche, métallique; elle exhale des bulles de gaz acide carbonique, et dépose un sédiment ocracé ou rouillé légèrement onctueux. La quantité et la transparence ne varient jamais, quels que soient les changements de l'atmosphère.

Le chimiste de Condom déjà cité a soumis cette eau à l'action des réactifs, et y a trouvé du fer, du gaz acide carbonique, de l'acide hy-

drochlorique, de l'acide sulfurique, de la chaux
et de la magnésie. 20 kilogrammes de cette eau,
évaporés à siccité, ont donné un résidu qui pe-
sait 27 grammes, et qui, analysé par Vauquelin,
a fourni :

		gr.
Humidité.		0,22
Sels solubles composés de......	Muriate de chaux	0,70
	Matière animale	0,10
	Sulfate de chaux	0,16
	Sulfate de soude	1,45
	Muriate de soude et traces de carbonate	0,10
Sels insolubles composés de......	Matière animale	0,10
	Sulfate de chaux	1,14
	Carbonate de chaux	0,83
	Oxide de fer	0,20

Propriétés médicales. —Les eaux de Castera-
Verduzan sont administrées en boisson, en douches et en bains ; mais, pour l'usage externe, on
est obligé, le plus souvent, à cause de leur température peu élevée, de les chauffer artificiellement, ce qui leur fait perdre une partie de leur
vertu. Il arrive fréquemment que l'on associe les
deux sources de manière à donner l'une en boisson, tandis que l'autre se prend en bains, et l'on

obtient d'excellents résultats de cette combinaison.

On recommande l'eau de la source sulfureuse
dans les rhumatismes chroniques, les affections
cutanées, les gastralgies, la gravelle, les engorgements scrofuleux et les ulcères inertes, les
obstructions des voies digestives, les catarrhes
bronchiques, la phthisie commençante.

L'eau de la source ferrugineuse est employée
avec le plus grand succès dans l'aménie, la chlorose, les fleurs blanches, les dérangements de la
menstruation, les palpitations de cœur et les
affections nerveuses. « Ces eaux conviennent
» surtout au tempérament des femmes et aux
» maladies qui sont propres à ce sexe. »[*]

XVI.

CAMBO

(Basses-Pyrénées).

Cambo est un joli petit village, dans une position agréable et salubre, sur les bords de la
Nive, à 25 kilomètres de Bayonne, d'où l'on y
arrive par une belle route qui traverse un pays

---

[*] *Lettre de M. Capuron à l'Auteur.* — Paris, 1846.

varié et pittoresque. A Cambo, on est logé et
nourri convenablement et à bon marché, l'air y
est pur, les habitants doux et sociables, les femmes jolies; il y a de fort belles promenades, et
les environs sont très-intéressants à visiter. La
saison des eaux y attire, chaque année, un
concours assez considérable de malades, et la
plupart des baigneurs qui prennent les bains de
mer à Biaritz ne manquent pas, avant de rentrer
chez eux, d'aller visiter les sources de Cambo.

Ces sources sont au nombre de deux, l'une
sulfureuse et l'autre ferrugineuse. Elles jaillissent assez près l'une de l'autre, et sont unies
par une belle allée plantée d'arbres.

SOURCE SULFUREUSE.

La source sulfureuse est claire et limpide,
onctueuse, d'une odeur et d'un goût sulfureux,
laissant dégager des gaz et déposant de la glairine. Sa température est de 22 à 23° c., ce qui
oblige de la chauffer pour les bains.

M. Salaignac a analysé l'eau de cette source,
et il a trouvé qu'elle contenait :

De l'azote,
De l'acide hydro-sulfurique.

12

De l'acide carbonique libre,
Du sulfate de magnésie,
Du sulfate de chaux,
De l'alumine,
De l'oxide de fer.

L'eau sulfureuse de Cambo est particulièrement employée contre les affections dartreuse
ou scrofuleuse, les vieux ulcères, les engorgements articulaires, les rhumatismes chroniques,
les gastralgies, l'inertie des organes digestifs,
les catharres chroniques.

L'eau de cette source est administrée en bains
ou en boisson.

SOURCE FERRUGINEUSE.

L'eau de la source ferrugineuse est claire,
styptique, et d'une saveur d'encre. Exposée à
l'air, elle se trouble et dépose un sédiment ocracé.
M. Salaignac en a fait l'analyse, qui lui a fourni :

Du gaz azote,
De l'acide carbonique,
Du carbonate de fer,
Du carbonate de chaux,
Du sulfate de chaux,
Et de la silice.

L'eau ferrugineuse produit d'excellents effets dans la chlorose, la suspension ou la non apparition du flux menstruel, et, en général, dans les maladies nerveuses des organes génito—urinaires, dans l'anorexie, l'hypocondrie, l'atonie générale. Cette eau ne se prend qu'en boisson.

XVII.

GAMARDE
(Landes).

Le village de *Gamarde* est situé à 8 kilomètres de Dax, 40 de Bayonne et 144 de Bordeaux, dans une position agréable et champêtre où l'on respire un air pur et sain. A 1 kilomètre du bourg, on trouve, sur la rive gauche d'un petit ruisseau appelé le *Louts*, plusieurs sources sulfureuses, parmi lesquelles on en distingue une nommée *Source des Deux—Louts*. Il n'y a pas d'établissement.

L'eau de cette source est limpide ; elle a la saveur et l'odeur particulières aux eaux sulfureuses ; elle laisse dégager des gaz et dépose de la glairine ; sa température est froide.

Elle a été analysée par M. Salaignac, qui en a obtenu :

Pour un litre d'eau.

	lit.
Acide hydrosulfurique............................	0,168
Acide carbonique................................	0,100

	gr.
Chlorure de magnésium.........................	0,088
Chlorure de sodium.............................	0,700
Sulfate de chaux...............................	0,126
Carbonate de chaux............................	0,228
Carbonate de magnésie.........................	0,025
Matière grasse résineuse.......................	0,010
Matière extractive végétale....................	0,011
Silice...	0,012

Cette source passe pour produire d'excellents effets dans tous les cas où les eaux sulfureuses sont indiquées ; mais, surtout, dans les rhumatismes chroniques et dans les engorgements articulaires.

XVIII.

PENTICOUSE
(Espagne).

En plaçant à la fin de notre recueil des eaux sulfureuses des Pyrénées la description de celles de *Penticouse*, qui se trouvent en Espagne, nous avons pour but de compléter autant que possible ce recueil, plutôt que de proposer l'usage de ces eaux à nos compatriotes. Sans vouloir contester le moins du monde les vertus des thermes de Penticouse, et, toute espèce d'amour-propre national à part, nous croyons pouvoir assurer aux malades français qu'ils trouveront mieux en France sous tous les rapports. Cependant, nous conseillerons aux baigneurs qui se trouvent aux Pyrénées, surtout à ceux de Cauterets et des Eaux-Bonnes, une visite à Penticouse, comme but d'une excursion intéressante, et, s'ils se sentent assez de courage pour affronter les fatigues d'un voyage à cheval de trois jours, nous leur promettons, nous qui avons fait ce voyage, qu'ils en seront amplement dédommagés par la variété et le pittoresque des paysages qu'ils trouveront sur la route et par les vives impressions qu'ils en rapporteront.

Le village de Penticouse est situé dans la province d'Aragon, au sud de Cauterets, à six heures de marche environ de la frontière; il est au fond d'une belle vallée que l'on nomme la vallée de *Tena*.

L'établissement thermal est placé sur la mon-

tagne, à une heure et demie de marche du village. On y monte par une route âpre et rocail-
leuse, nommée *El Escalar* (L'Escalier), bordée
de précipices, et qui, en certains endroits, laisse
à peine le passage pour un cheval. Cette route
s'attache aux flancs de la montagne, l'enlace
dans ces replis, comme un serpent, et la gravit
jusqu'au sommet. A mesure que l'on s'élève,
l'horizon s'agrandit et la scène prend un aspect
à la fois sauvage et grandiose; enfin, vous arrivez à l'établissement qui est bâti au bord d'un
lac; vous trouvez-là un hôtel, composé de trois
corps de bâtiments, qui offre des logements aux
baigneurs et aux visiteurs, et une table-d'hôte
assez confortablement servie par un maître-d'hôtel français.

Ce pays est d'un aspect triste et sombre; il
n'offre aucun des plaisirs et des moyens de dis-
traction que l'on sait si bien se procurer dans
nos thermes, et qui sont si nécessaires aux malades qui fréquentent les eaux. On trouve là le
costume espagnol, dans toute son originalité
pittoresque. Les hommes se promènent grave-
ment et silencieusement, en fumant le *cigarito*,
drapés dans leurs longs manteaux, le chapeau à
larges bords sur la tête et la ceinture rouge autour des reins.

Les thermes de Penticouse se composent de trois sources séparées. Les deux premières entretiennent deux établissements où se trouvent des baignoires et une buvette ; la troisième, qui n'est employée qu'en boisson, est enfermée dans un pavillon qui porte pour inscription : *Templete de la Salud* (Temple de la Santé).

Ces sources ont été concédées à perpétuité, par le gouvernement espagnol, à un fermier, à charge de payer à la commune qui en est propriétaire, une rente annuelle de 60,000 *réaux* (environ 15,000 francs). En 1849, les bains ont été visités par trois cents baigneurs environ. La saison commence au 15 juin, et vers le 10 septembre, le froid et les neiges ne permettent plus d'y séjourner.

Les eaux des sources de Penticouse sont limpides, onctueuses, d'une saveur et d'une odeur sulfureuses très-prononcées. Nous n'avons pu, malgré tous nos efforts, nous en procurer une analyse.

Chacune de ces sources passe pour avoir des propriétés médicales différentes. Celle qui paraît la plus sulfureuse est affectée aux maladies de la peau, aux ulcères, aux douleurs articulaires, aux rhumatismes. La seconde est employée contre les maladies chroniques de l'estomac et de la poitrine ; enfin, on administre la dernière dans les engorgements des viscères abdominaux, les maladies de l'utérus et les affections nerveuses.

———

Pour éviter des répétitions fastidieuses, nous ne parlons pas ici de deux sources sulfureuses qui se trouvent à Bagnères de Bigorre, la source de *Labassère* et la source de *Pinac ;* d'autant plus que ces sources diffèrent essentiellement de celles que nous venons d'étudier, tant par leur composition chimique que par leur température et par la nature des terrains qui les fournissent. (*Voir l'article Bagnères de Bigorre, au Chapitre VII*).

CHAPITRE V.

DESCRIPTION

DES SOURCES ACIDULES-GAZEUSES.

SOMMAIRE.

Ussat. — Audinac. — Encausse. — Lavardens.

I.

USSAT
(Ariège).

Topographie. — Le village d'Ussat est situé sur les rives de l'Ariège, à 16 kilomètres d'Ax et 96 de Toulouse. L'air y est pur et sain, le pays

agréable. Il est facile de s'y procurer, à bon
marché, des logements commodes et tous les
objets nécessaires à la vie. On raconte que les
eaux thermales d'Ussat formaient autrefois une
mare dans laquelle un seigneur des environs
trouva la guérison de blessures graves, reçues
dans les combats, et c'est à cette circónstance
que l'on fait remonter leur première réputation
dans le pays.

Sources et établissement. — En 1787, les
bains, composés alors d'une douzaine de baignoires, furent donnés, par le seigneur d'Ornolac,
à l'hospice de Pamiers, à condition d'y loger,
nourrir et baigner gratuitement, tous les ans,
un certain nombre d'indigents. Il y a quelques
années à peine, les bains d'Ussat étaient très-
défectueux : ils se composaient de trente-trois
cabinets irréguliers, placés au pied d'une montagne calcaire, au niveau des eaux moyennes de
l'Ariège, dont ils n'étaient séparés que par un
espace de 30 à 35 mètres. Les baignoires de ces
cabinets consistaient en des bassins creusés dans
le sol, sur le griffon même des sources, et dont
les parois étaient revêtues de plaques d'ardoise.
Cette disposition permettait difficilement de les
vider, ce qui nuisait à la propreté ; de plus, ces

baignoires étaient envahies, au temps des crues,
par l'eau de la rivière, qui, se mêlant aux eaux
minérales, leur faisait perdre une partie de leurs
propriétés et de leur température. D'un autre
côté, pendant les basses eaux de l'Ariège, l'eau
minérale, cessant d'être refoulée et contenue, se
perdait par infiltration dans le lit de la rivière,
de telle façon qu'elle ne suffisait plus à alimenter
les baignoires. Mais aujourd'hui, grâce à des
travaux importants, entrepris à l'instigation de
M. le docteur Vergé, et sous la direction de
M. François, ingénieur des mines, tous ces in-
convénients ont disparu : des réservoirs ont été
creusés, un nouvel établissement, plus commode, plus complet et plus élégant, a remplacé
l'ancien ; on y trouve des baignoires en marbre
blanc, où l'eau s'introduit par le fond, s'échappe
par un trop-plein et se renouvelle constamment
par un courant ascensionnel; disposition très-
avantageuse, qui entretient le bain dans une
température constante. Ces baignoires se vident
après chaque bain, condition indispensable pour
la propreté.

Cet établissement possède de plus deux piscines, une douche très-active et une buvette.
Enfin, il offre aux baigneurs des appartements commodes et bien meublés, qui leur

procurent l'avantage de se trouver à portée des bains.

Propriétés physiques. — L'établissement d'Ussat est alimenté par deux sources très-abondantes qui n'ont point de griffon particulier, puisque l'eau jaillit de toutes parts, à travers un terrain poreux et très-perméable. La température de l'une est à 38° c., et celle de l'autre à 33° c. Cette eau est limpide, incolore, sans odeur et presque sans saveur, onctueuse à la peau ; elle laisse dégager, par temps, des bulles de gaz qui viennent éclater à la surface, et elles déposent un sédiment gélatineux.

Cent mille parties de ces eaux, analysées par M. Figuier, chimiste de Montpellier, ont donné le résultat suivant :

		gr.
Acide carbonique		q. ind.
Chlorure de magnésium		3,40
Sulfate de magnésie		27,35
Sulfate de chaux		30,34
Carbonate de magnésie		0,97
Carbonate de chaux		26,53
Perte		0,64

Analyse du sédiment, par le même chimiste :

Silice	28

Alumine.. 40
Carbonate de chaux............................ 20
Sulfate de chaux................................ 10
Fer oxidé au carbonate........................ 2

C'est à l'alumine qui se trouve dans ce sédiment que l'on attribue l'onctuosité de l'eau.

Propriétés médicales. — Les eaux d'Ussat sont douces, bénignes et tempérantes, légères à l'estomac et de facile digestion. Cependant, on ne saurait nier qu'elles partagent cette action excitante qui caractérise généralement les eaux minérales, puisqu'elles provoquent souvent des sueurs, des démangeaisons et des éruptions à la peau, qu'elles augmentent la sécrétion des urines et occasionnent même, quelquefois, des insomnies; mais on peut affirmer qu'elles doivent être classées parmi celles qui excitent le moins. Aussi leur effet est-il à peu près nul sur les tempéraments lymphatiques, à sensibilité émoussée, et dans les maladies chroniques invétérées, qui réclament une médication puissante, une perturbation énergique; tandis qu'on les administre avec le plus grand avantage aux tempéraments nerveux, aux organisations faibles et délicates, et dans les maladies récentes, celles surtout qui tiennent à une irritation, à l'éré—

thisme du système nerveux. Les anciens auteurs qui ont écrit sur les eaux d'Ussat, les
préconisent contre les affections de la peau, les
ulcères, les tumeurs scrofuleuses, la phthisie.
Cependant, M. le docteur Vergé, actuellement
médecin inspecteur, depuis plusieurs années
aux eaux d'Ussat, avoue, avec beaucoup de
franchise et de bonne foi, qu'elles sont à peu
près sans effet dans ces maladies, lesquelles
réclament plutôt une médication sulfureuse et
une action plus énergique; mais il leur attribue
une vertu toute spéciale contre les maladies de
l'utérus et contre les nombreuses affections qui
se développent sympathiquement, à la suite des
lésions de cet organe. Dans ces maladies, qui
revêtent si souvent un caractère nerveux, les
eaux d'Ussat produisent un effet sédatif des
plus avantageux. C'est à cette spécialité, con-
firmée par un grand nombre de guérisons, qu'il
faut attribuer surtout la réputation de ces eaux
et le grand nombre de femmes qui viennent les
visiter chaque année.

Les eaux d'Ussat sont encore fréquentées par
les personnes fatiguées par les veilles, les travaux de cabinet, épuisées par les plaisirs ou dé-
goûtées du séjour des grandes villes. On les prescrit contre les affections hypocondriaques, hys-

tériques, la danse de Saint-Gui, et tout ce qui
porte un caractère spasmodique. C'est à la température égale qu'entretient dans les bains le
courant dont nous avons déjà parlé, que l'on attribue, en grande partie, les bons effets des
bains d'Ussat.

Avant M. Vergé, les eaux d'Ussat n'étaient
administrées qu'en bains; il les a employées en
boisson, et en a obtenu d'excellents résultats.
« Par leur usage, dit-il, j'ai vu des douleurs d'es-
» tomac se dissiper, l'appétit renaître, le ventre
» devenir libre, les urines augmenter.

II.

AUDINAC

(Ariège).

Topographie. — Le village d'Audinac est situé à 2 kilomètres de Saint-Girons, et 4 kilomètres de Saint-Lizier, dans un paysage champêtre et solitaire; l'air y est pur et salubre, le climat
tempéré, la vie bonne et facile. Dans les environs
se trouvent : la fraîche vallée de *Castillon*, où
l'on voit les forges d'*Engomer ;* la vallée que l'on
nomme la *Belle-Longue* et le lac de *Bethmale,*

qui peuvent servir de but de promenade aux
étrangers.

Source et établissement. — Près du village
jaillit une source minérale qui entretient un établissement commode et élégant, avec jardin et
promenades. Depuis peu de temps, cet établissement a subi des modifications telles, qu'aujour-
d'hui il laisse peu à désirer, sous le rapport
de l'agrément et des besoins du service médical.
On y trouve des cabinets de bains, des douches,
des buvettes, et enfin des appartements pour
loger les malades. A côté, un bel et vaste hôtel,
nouvellement restauré aussi, offre des logements
et une bonne table-d'hôte aux étrangers.

« Les eaux d'Audinac, dit M. Sentein, sont
» très-abondantes, limpides et inodores; leur
» saveur, légèrement acerbe, laisse un arrière-
» goût d'astringence, déterminé sans doute par
» les sels ferrugineux qui entrent dans leur com-
» position. Il se forme à leur surface, quand elles
» sont en repos, une pellicule blanchâtre qui,
» après quelques heures, passe au rouge irisé,
» et toutefois le reste du liquide conserve sa
» transparence. Il s'en dégage continuellement
» des bulles de gaz qui viennent éclater à la sur-
» face. Leur température est de 21° c., et telle

» est la nature de leurs propriétés physiques,
» qu'aucun des grands phénomènes qui se pas-
» sent dans l'atmosphère ou sur la surface de la
» terre, comme les pluies, les vents, les orages,
» le froid de l'hiver ou les chaleurs de l'été ne
» les altèrent ni ne les modifient jamais. »

Ces eaux ont été analysées par M. Magne-Lahens. Voici les résultats de son analyse :

Pour un litre d'eau.

Acide hydrosulfurique.......... quantité inappréciable.
Acide carbonique,............... quantité indéterminée.

	gr.
Sulfate de chaux...........................	0,7110
Sulfate de magnésie.........................	0,6380
Chlorure de magnésium......................	0,3490
Carbonate de chaux..	0,5230
Carbonate de fer...........................	0,0710
Bitume....................................	0,0360
Perte.....................................	0,0630

M. Fontan a tout récemment fait aussi une analyse qui diffère, sous quelques points, de la précédente : ainsi, selon lui, le gaz qui se dégage à la surface de ces eaux est formé d'acide carbonique, d'oxigène et d'azote; le fer qui entre dans leur composition s'y trouve aussi à l'état de crénate de fer.

Propriétés médicales. — M. Sentein, qui a beaucoup écrit sur les eaux d'Audinac, prétend que ces eaux sont sudorifiques, diurétiques, purgatives, provocatrices des flux menstruel et hémorroïdal. On les emploie avec succès dans les engorgements des viscères abdominaux, tels que le foie, la rate, le pancréas, le mésentère, etc. Dans les maladies chroniques du tube digestif, les gastralgies, les coliques accompagnées d'anorexie, de flatuosités; dans les engorgements de la prostate, du col de l'utérus, les catarrhes vésicaux ou utérins, la gravelle, la chlorose, les fleurs blanches. Elles produisent encore de bons effets dans les rhumatismes, les scrofules, l'asthme humide, les affections nerveuses. Les organisations faibles ou épuisées, qui ont besoin d'être tonifiées sans excitation, se trouvent bien de leur usage.

Les eaux d'Audignac sont employées en boisson, bains, douches. La dose, pour boisson, est de deux à quatre verres; on la prend pure ou coupée avec du lait. On est obligé de chauffer l'eau pour les bains, ce qui lui fait perdre une partie de ses principes gazeux.

III.

ENCAUSSE
(Haute-Garonne).

Topographie. — Situé à 4 kilomètres de Saint-Gaudens, et à 16 de Saint-Bertrand-de-Comminges, le village d'Encausse n'a d'autre importance que celle que lui donne un établissement thermal commode et bien entretenu, où l'on trouve dix-huit baignoires en marbre, une douche et une buvette. Cet établissement est bâti sur le griffon de deux sources abondantes qui l'alimentent.

L'eau de ces sources est limpide, incolore, inodore, d'une saveur âpre et styptique ; elle laisse dégager des gaz. Sa température est de 23° c.

Cette eau a été analysée par M. Save, qui y a trouvé :

Pour un litre d'eau.

	lit.
Acide carbonique..........................	0,108

		gr.
Sulfate de chaux		1,5934
Sulfate de soude et de magnésie		0,5684
Chlorure de magnésium		0,3506
Carbonate de chaux		0,2125
Carbonate de magnésie		0,0425

L'eau d'Encausse est légèrement purgative et diurétique. On l'emploie pour stimuler les organes digestifs trop paresseux, dissiper les engorgements des viscères abdominaux et rétablir le flux menstruel supprimé; les fièvres intermittentes rebelles, l'ictère, les coliques néphrétiques, le catarrhe vesical et la gravelle sont avantageusement modifiés par leur usage.

On emploie cette eau en boisson et en bains. Il faut la chauffer pour ce dernier usage. En boisson, la dose est de trois à quatre verres; on y ajoute souvent un peu de sulfate de soude pour favoriser l'action laxative.

IV.

LAVARDENS
(Gers).

Dans un vallon fertile et riant, à 10 kilomètres environ d'Auch, et à 1 kilomètre de Lavardens, petite ville fort ancienne de la province
d'Armagnac, se trouve une source minérale,
dite *Fontaine-Chaude*, en langue du pays *Hount-
Caoudo*. Connue depuis longtemps dans la contrée par ses bons effets, cette source, dépour-
vue d'établissement et de soins d'entretien,
tombait dans l'oubli et n'était plus visitée. Heureusement M. Branet de Peyrelongue, qui en
est devenu propriétaire, s'est occupé, dans ces
dernières années, de la rendre praticable aux
malades, et il vient de faire construire un joli
établissement qui renferme, sur une petite
échelle, toutes les commodités désirables. A côté
de cet établissement, il a fondé aussi un vaste
hôtel destiné à servir de logement aux baigneurs;
de sorte, que cette source est maintenant en
pleine voie de prospérité.

L'eau de la *Fontaine-Chaude* est claire, lim-

pide, transparente, sans saveur ni odeur appréciables, douce au toucher, laissant dégager une
quantité considérable de gaz, qui la tiennent
dans un état d'effervescence continu, et déposant dans les conduits un sédiment ocracé.
Le volume d'eau qu'elle débite est de 306,720 litres par vingt-quatre heures. Sa température est
invariablement de 19° c., quelle que soit celle de
l'atmosphère, d'où l'on voit que le nom de *Fontaine-Chaude* est au moins un peu prétentieux.

Cette eau a été analysée par MM. Boutan et
Lidange, chimistes à Auch, qui y ont trouvé :

> Du gaz acide carbonique,
> Du sous-carbonate de magnésie,
> Du sous-carbonate de fer,
> Du sulfate de chaux,
> Du sulfate de magnésie,
> Du sulfate de soude,
> Du chlorure de soude,
> De la résine.

D'après le rapport des médecins d'Auch, ces
eaux produisent d'excellents effets dans les embarras gastriques, la dyspepsie, les engorgements des viscères abdominaux, le catarrhe vésical, l'ictère, les engorgements scrofuleux, les

affections nerveuses, les vapeurs, les fièvres intermittentes rebelles. Prises en boisson, elles réveillent l'appétit et facilitent la digestion. Ce mode d'administration convient surtout beaucoup aux femmes atteintes de chlorose, d'amenorrhée, de fleurs-blanches. On les prend à jeun ou dans les repas, coupées avec un peu de vin.

Les boues que dépose cette eau sont avantageusement administrées contre les engorgements articulaires et autres affections externes.

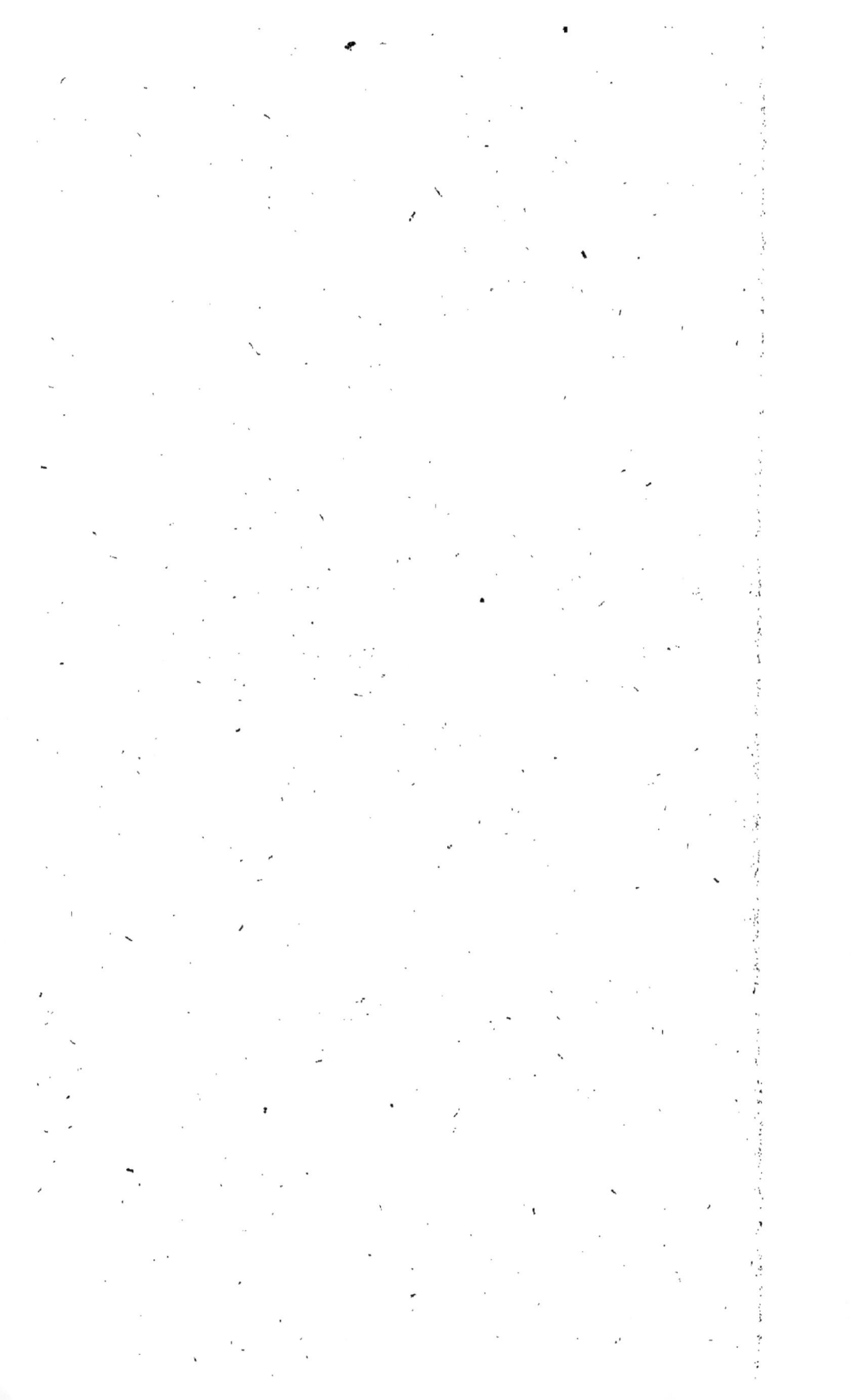

CHAPITRE VI.

DESCRIPTION

DES SOURCES FERRUGINEUSES.

SOMMAIRE.

Casteljaloux. — Cours. — Bagnères de Bigorre. — Castera-Verduzan. — Cambo. — Sainte-Madeleine-de-Fleurens. — Le Boulou. — Laroque. — Tarascon.

I.

CASTELJALOUX
(Lot-et-Garonne).

La petite ville de *Casteljaloux*, chef-lieu de canton, dans l'arrondissement de Nérac, est située sur la lisière des Landes, à 95 kilomètres

13

de Bordeaux, 24 de Marmande et 28 de Nérac ;
elle est traversée par les grandes routes de Bordeaux à Auch, et de Paris en Espagne. L'Avance,
qui baigne ses murs, donne à ses environs un
aspect riant et fertile. Cette ville est d'une certaine antiquité, comme l'attestent encore les ruines d'un château gothique, et elle a joué un certain rôle dans les guerres de religion.

Les étrangers trouvent, à Casteljaloux, toutes
les conditions nécessaires à l'agrément et au confortable de la vie. On peut visiter, à 3 kilomètres
de la ville, les forges de *Neuf-Fonds*, et, plus
loin, la verrerie du *Tremblet* et une fabrique de
produits chimiques.

Casteljaloux possède deux sources d'eau minérale :

1° La source *Levadou*, située au sud, sur les
bords de l'Avance, est reçue dans un établissement de construction élégante entouré d'un joli
et vaste jardin. On trouve dans cet établissement
des cabinets de bains fort propres, une douche
et une buvette ;

2° La source *Samazeuilh*, au nord, possède
aussi un établissement avec baignoires et buvette, entouré, comme le premier, d'un jardin
agréable.

A côté de chacun de ces établissements, les

propriétaires ont une maison commodément meublée, destinée à offrir des logements aux malades qui viennent prendre les eaux. On trouve aussi, facilement, à se loger en ville.

Les sources de Casteljaloux sont d'autant plus importantes que, avec celles de Cours, elles sont les seules de la contrée ; ce sont les plus voisines de Bordeaux. Elles sont fréquentées par les malades des départements de Lot-et-Garonne, des Landes, de la Gironde, etc.

L'eau des deux sources de Casteljaloux est limpide, incolore, rude au toucher, d'une saveur atramentaire et styptique, qui rappelle le goût d'encre. Exposée à l'air, elle se couvre bientôt d'une pellicule brune-verdâtre, et dépose un sédiment ocracé. Sa température est froide.

Analysées par d'habiles chimistes, les deux sources ont donné à peu près les mêmes principes et dans des proportions identiques ; excepté le fer, qui se trouve, dans la source Levadou, en proportion triple que dans la source Samazeuilh. *

Nous nous contenterons donc de donner ici les résultats obtenus par la commission de l'Aca-

---

* *Rapport de la Commission de l'Académie royale de médecine.* — Paris, 29 juin 1841.

démie royale de médecine dans l'analyse de la
source Levadou.

Eau 1 litre.

	gr.
Acide carbonique libre...........	Très-petite quantité.
Eau pure..............................	999,441
Carbonate de chaux................	⎱ 0,450
Carbonate de magnésie............	⎰
Sulfate de soude et de chaux......	Traces
Chlorure de sodium.................	⎱
Chlorure de calcium................	⎰ 0,025
Chlorure de magnésium............	
Silicate de soude...................	⎱ 0,011
Silicate de chaux...................	⎰
Silice...............................	0,020
Chromate et carbonate de fer......	0,048
Chromate de magnésie..............	0,005
	1,000,000

L'eau ferrugineuse de Casteljaloux est administrée en bains, douches et boisson; mais c'est
surtout sous cette dernière forme qu'elle est le
plus active et qu'elle produit les meilleurs effets;
on la boit à la dose d'un à quatre litres par jour,
à jeun ou pendant les repas, coupée avec un
peu de vin.

Cette eau est tonique et légèrement excitante,

et on l'emploie avec le même succès comme moyen hygiènique ou thérapeutique. Dans le premier cas, elle raffermit les tissus, fortifie les constitutions débiles, régénère la masse du sang, hâte la circulation, stimule les organes digestifs trop paresseux, et donne une nouvelle énergie à toutes les fonctions. Dans le second cas, on l'emploie avec succès contre les gastralgies, les embarras gastriques accompagnés de dyspepsie; c'est dans ce cas que ses effets sont surtout prompts et sûrs, et nous avons vu plusieurs fois des malades recouvrer, dès le second jour, à l'aide de ce traitement, un appétit qu'ils avaient perdu depuis longtemps. Cette eau est encore favorable dans les engorgements des viscères abdominaux, dans le rachitisme, le scorbut, l'anémie, les scrofules, en un mot, dans tous les cas où l'organisation affaiblie a besoin d'être tonifiée par un sang plus riche et plus chaud. Elle est d'une efficacité incontestable dans la chlorose, les fleurs-blanches, l'aménorrhée et toutes les affections nerveuses qui accompagnent, chez les femmes, les lésions de l'utérus. Les jeunes filles chez lesquelles la première menstruation se fait trop attendre ou ne s'établit pas franchement, y auront recours avec le plus grand avantage.

Ces eaux sont nuisibles aux tempéraments secs et bilieux, dans la phthisie, l'hémoptysie et les affections inflammatoires.

II.

COURS

(Gironde).

A 9 kilomètres de Casteljaloux, non loin de là grande route qui va de cette ville à Bordeaux, on trouve, dans un vallon agreste et solitaire, une source minérale qui ressemble beaucoup, tant par sa composition chimique que par ses propriétés médicales, aux sources de Casteljaloux. Cette source, connue sous le nom de source de *Cours*, est exploitée par un établissement où l'on trouve plusieurs cabinets de bains, une buvette et des appartements capables de loger soixante-dix ou quatre-vingts personnes.

Les sources de Casteljaloux et de Cours, dont la découverte est de fraîche date, ont déjà acquis une réputation fort étendue, qu'elles doivent aux salutaires effets de leurs eaux. Nous avons tout lieu de croire que cette réputation se justifiera par de nouveaux succès, que l'expérience permettra de mieux apprécier les vertus de ces eaux, d'en faire une application plus juste, de les étendre à de nouvelles affections, et que nous verrons arriver à Casteljaloux et à Cours de nombreux malades qui, avant, étaient obligés d'aller chercher au loin une guérison quelquefois incertaine et toujours chèrement achetée.

III.

BAGNÈRES DE BIGORRE

(Hautes-Pyrénées).

On trouve à Bagnères de Bigorre deux sources ferrugineuses froides, qui ne sont utilisées qu'en boisson ; l'une, appelée la *Fontaine Ferrugineuse*, à un demi-kilomètre de la ville ; et l'autre, *la Fontaine des Dames Carrère*. En outre, la plupart des sources salines de Bagnères contiennent du fer à l'état de sous-carbonate. Mais comme ce métal ne forme pas leur principal caractère, elles ne doivent pas être classées ici. (*Voir l'article Bagnères de Bigorre, au Chapitre VII.*)

IV.

CASTERA-VERDUZAN
(Hautes-Pyrénées).

L'établissement de Castera-Verduzan exploite une source ferrugineuse qui se trouve décrite au Chapitre IV. (*Voir page* 211.)

V.

CAMBO
(Basses-Pyrénées).

Il y a à Cambo une source ferrugineuse. (*Voir au Chapitre IV*, *page* 216.)

VI.

SAINTE-MADELEINE—DE—FLEURENS
(Haute-Garonne).

Le village de Sainte-Madeleine—de—Fleurens est situé dans une campagne riante et fertile, à 4 kilomètres de Toulouse. La proximité de cette ville y attire, dans la belle saison, un assez grand nombre de visiteurs, qui viennent respirer son air frais et boire ses eaux minérales. Plusieurs maisons offrent aux malades des appartements propres et commodes.

L'eau de la source minérale de Sainte-Madeleine-de-Fleurens est claire, limpide, inodore, d'un goût acidule, astringent. Elle dépose un sédiment jaune-brun. Sa température est froide.

Cette eau a été analysée par MM. Pailhès et Lamothe, pharmaciens, Lafont-Gouzy et Dufoure, docteurs-médecins. Elle a donné les résultats suivants :

Pour un litre d'eau.

Acide carbonique......................... 0,060

Chlorure de sodium....................... 0,1935
Chlorure de magnésium................... 0,0208
Matières bitumineuse et résineuse....... 0,0078
Sulfate de soude.......................... 0,0773
Sulfate de chaux.......................... 0,0202
Sous-carbonate de fer.................... 0,0812
Sous-carbonate de chaux................. 0,3128
Sous-carbonate de magnésie.............. 0,0151
Silice..................................... 0,0117
Matière végétale.......................... 0,0106

Cette eau est tonique et légèrement excitante. On l'emploie pour stimuler les fonctions digestives, tonifier les organisations molles et lymphatiques, rappeler le flux menstruel supprimé. Elle produit d'excellents effets dans la chlorose, la leucorrhée, les affections nerveuses, les fièvres intermittentes rebelles. On l'emploie en boisson, pendant les repas et dans l'intervalle qui les sépare, à la dose de un à deux litres.

VII.

LE BOULOU

(Pyrénées-Orientales).

Dans les environs de la petite ville de Boulou, située sur la route de Perpignan en Espagne, à 22 kilomètres de cette ville et 16 de la frontière, se trouvent plusieurs sources minérales ferrugineuses, dont la principale a été analysée par M. Anglada, qui y a trouvé :

Pour un litre d'eau.

	lit.
Acide carbonique.........................	0,611

	gr.
Carbonate de soude.......................	2,431
Chlorure de sodium........................	0,852

	gr.
Sulfate de soude...............................	Traces.
Carbonate de chaux............................	0,741
Carbonate de magnésie.........................	0,215
Carbonate de fer..............................	0,032
Silice..	0,134

On fait souvent concourir la boisson de cette eau avec les bains d'Arles.

Il n'y a point d'établissement.

VIII.

LAROQUE
(Pyrénées-Orientales).

A un kilomètre du village de Laroque, sur les Albères, on trouve une source minérale connue dans le pays sous le nom de *Font-de-l'Aram*. Cette source, analysée par M. Anglada, a fourni les principes suivants :

Pour un litre d'eau.

Acide carbonique libre....................	q. ind.
	gr.
Matière organique azotée.....................	0,003
Carbonate de soude...........................	0,008
Sulfate de soude.............................	0,031

		gr.
Chlorure de sodium	.....	0,020
Carbonate de chaux	.....	0,136
Carbonate de magnésie	.....	0,057
Carbonate de fer	.....	0,030
Silice	.....	0,066
Perte	.....	0,012

Cette source est peu fréquentée.

IX.

TARASCON

(Ariège).

La petite ville de Tarascon est située sur l'A-
riège, dans un bassin romantique, à 10 kilomètres de Foix. Non loin de la ville, jaillit une
source ferrugineuse qu'on appelle dans le pays :
Fontaine de Sainte-Quiterie ou *Fontaine-Rouge*,
à cause des dépôts ocracés qu'elle laisse sur son
chemin. L'eau de cette fontaine est claire, limpide, inodore, d'une saveur styptique qui rappelle le goût d'encre. Analysée par M. Magnes,
elle a fourni :

		lit.
Pour un litre d'eau.		
Acide carbonique libre	.....	0,013

	gr.
Chlorure de sodium............................	0,0201
Chlorure de magnésium........................	0,0463
Sulfate de chaux.............................	0,3340
Sulfate de magnésie..........................	0,1000
Carbonate de fer.............................	0,1270
Matière grasse résineuse.....................	0,0201
Silice.......................................	0,0030
Perte..	0,0360

La source de Tarascon est peu fréquentée.

———

Il y a encore, dans la circonscription topographique dont nous étudions l'hydrologie, plusieurs autres sources ferrugineuses ; mais comme ces sources ne sont employées qu'en boisson et ne sont fréquentées que par les gens de la localité, nous nous dispenserons de les mentionner.

14

CHAPITRE VII

DESCRIPTION

DES SOURCES SALINES.

***

SOMMAIRE.

Bagnères de Bigorre. — Capbern. — Sainte-Marie. — Barbotan. — Foncirgue. — Barbazan. — Labarthe-Rivière. — Dax. — Tercis — Pouillon. — Préchac.

***

I.-

BAGNÈRES DE BIGORRE
(Hautes-Pyrénées).

Topographie. — La petite ville de *Bagnères de Bigorre*, chef–lieu de sous–préfecture, à 774 kilomètres de Paris, 144 de Toulouse, 25 de Tarbes, et à 580 mètres, environ, au-dessus du niveau de la mer, est située dans une position des plus heureuses, sur les bords de l'Adour, au seuil de la vallée de Campan.

On y arrive par la route de Tarbes, qui traverse une plaine fertile et bien cultivée, et par la route de Toulouse, moins unie et plus accidentée que la première.

Cette ville est, sans contredit, une des plus gracieuses, des plus agréables et des plus coquettes que nous ayons en France. Le voisinage des montagnes, sa position pittoresque, les belles promenades qui l'entourent, la douceur de son climat, l'aménité de ses habitants, le grand nombre et la variété de ses sources thermales, tout contribue à en faire un séjour de délices. Aussi est-elle visitée, chaque année, par une affluence considérable d'étrangers. C'est le rendez-vous d'une grande partie de tout ce beau monde désœuvré et ennuyé du séjour des grandes villes, qui vient chercher, dans les Pyrénées, de la fraîcheur, des plaisirs, des distractions et, quelques-uns, la santé. La plupart des malades qui quittent les autres thermes des Pyrénées ne rentrent pas chez eux avant d'avoir visité Bagnères. C'est là, souvent, qu'ils viennent s'essayer, après leur guérison, au bonheur et aux jouissances de la vie, dont ils avaient été longtemps privés par la maladie.

On trouve, à Bagnères, des hôtels tenus dans le dernier goût, des appartements commodes et élégants, des provisions abondantes de toute espèce, des cabinets de lecture, des réunions et des bals, parmi lesquels nous citerons surtout ceux du bel établissement de *Frascati*, une salle de spectacle où les premiers artistes de Paris et de la province viennent se faire entendre.

Les principales promenades de Bagnères sont : les *Coustous*, au centre de la ville, allées plan-tées d'arbres magnifiques, et bordées, de chaque côté, par de fort belles maisons, bâties en mar-bre, des hôtels et des cafés ; les allées *Mainte-non ;* l'avenue de la source de *Salut*, chemin dé-licieux, plein de fraîcheur et d'agrément ; les allées sinueuses et ombragées qui côtoient le penchant du *Mont-Olivet*, du haut desquelles la vue s'étend sur le magnifique panorama de la ville et de ses environs ; enfin, le chemin de la *Fontaine ferrugineuse*. Il y a à Bagnères, un fort bel atelier de marbrerie, dirigé par M. Geruzet, et une fabrique de papier. On va visiter dans les environs, la belle vallée de *Campan* et sa grotte, l'*Elysée-Cottin*, *Médous*, le *Camp de César*, l'ab-baye de *Lescalédieu*, le *Puits d'Arris*, dont jamais personne n'a sondé la profondeur, le village de *Gripp*, au pied du *Tourmalet*, et on fait l'ascension du *Pic du Midi*, aisément accessible, même pour les dames. Tous ces lieux offrent le plus grand intérêt à l'artiste, au philosophe, au naturaliste.

Sources et établissements. — Les sources minérales de Bagnères étaient très-fréquentées par les Romains, qui avaient donné à cette ville le nom de *Vicus Aquensis ;* le grand établissement est bâti sur des débris de piscines romaines, découvertes récemment, en creusant les fondements. Ces sources sont en très-grand nombre. Il suffit, du reste, de creuser la terre à une certaine profondeur pour voir jaillir l'eau minérale. Elle sourd à travers un banc de sable ou de gravier.

Le vaste et magnifique établissement, qu'on appelle *les Thermes de Marie-Thérèse*, de construction récente, bâti en marbre des Pyrénées, avec un goût et une richesse remarquables, est le plus important de Bagnères ; il est entretenu par sept sources qui sont :

1° La source du Dauphin. Température : 48° 50 c.
2° La source de la Reine. Température : 46° 50

3º La source de Roc–Lannes. Température : 45º c.

4º La source de Saint-Roch. Température : 41º

5º La source de la Fontaine-Nouvelle. Température : 41º

6º La source du Foulon. Température : 34º

7º La source des Yeux. Température : 29º

Cet établissement, un des plus beaux et des plus complets des Pyrénées, est situé à l'extrémité ouest de la ville, au pied des allées du Mont-Olivet ; il est construit sur deux étages et présente : vingt-huit cabinets de bains, précédés chacun d'un vestiaire, quatre cabinets de douches, une étuve et deux buvettes, des chauffoirs, un salon de réunion, un salon de lecture, un billard, etc.

Outre le grand établissement, on trouve encore, à Bagnères, plusieurs bains particuliers parfaitement tenus ; ce sont :

1º Les bains de *Théas*, au village de Pouzac, à un kilomètre de Bagnères.—Cet établissement possède trois baignoires, deux douches, et offre des logements commodes pour les malades. Température : 51º 25 c.

2º Les *Bains de Salut*, à 600 mètres de la ville, composés de dix baignoires et d'une buvette fort renommée et fréquentée par la majeure partie des baigneurs, qui s'y rendent comme but de promenade ; trois sources. Température : de 31 à 33°.

3° Les *Bains du Grand-Pré*, situés à l'extrémité de la ville, sur la promenade de Salut. — Ils contiennent quatre baignoires en marbre et une buvette. C'est un des établissements les plus importants et les plus suivis de Bagnères. Température : 30°.

4° La *Gutière* ou *Frascati* possède dix baignoires en marbre, toutes les variétés de douches et un appareil fumigatoire. Température : 40°.

5° Les *Bains de Santé*. — Un des établissements les plus propres et les plus élégants de Bagnères. On y trouve six baignoires en marbre et une buvette. Température : 31° 50 c.

6° *Carrère=Lannes*. — Établissement situé à l'avenue de Salut, présente quatre baignoires dans autant de cabinets fort propres, et une buvette. Température : 31° 50.

7° Les *Bains de Bellevue*, situés sur le penchant du *Mont-Olivet*, au-dessus des thermes de *Marie-Thérèse*. Cet établissement renferme dix cabinets de bains et trois douches. Sa position lui donne une perspective admirable sur la ville et les environs, ce qui lui a valu son nom ; mais il est négligé et mal tenu. Il n'y a point de source particulière, et il est alimenté par un filet détourné de la source de la *Reine.*

8° *Versailles.* — Établissement situé sur le chemin de Salut ; quatre baignoires en marbre, deux sources. Température : 34° 80 et 27° 50.

9° Les *Bains de Cazaux.* — A gauche du grand établissement ; fort propres et biens tenus ; six baignoires et deux douches, alimentées par deux sources. Température : 51° 50 et 41° 60.

10° *Bains de Lasserre*, dans la rue de la Comédie. — Établissement bien tenu ; renferme deux buvettes et quatre baignoires en marbre, le tout alimenté par trois sources. Température : 48°.

11° Les *Bains de Pinac.* — Cet établissement, situé non loin du précédent, dans la rue de la Comédie, possède une buvette et six baignoires en marbre, alimentées par six sources, dont une est sulfureuse. Température : 42 et 35° ; température de la source sulfureuse : 20°.

12° Les *Bains de Mora.* — Dans un état de délabrement complet ; deux baignoires. Température : 49°.

13° Les *Bains du Petit-Prieur.* — Appartenant à l'hôpital ; deux baignoires. Température : 36°.

14° Le *Petit Baréges*. — Deux bains. Température : 31°.

15° Les *Bains de Lapeyrie*, situés sur l'avenue du Salut. — Trois baignoires en marbre. Température : 27°.

16° La *Fontaine ferrugineuse*, située au bout d'une belle avenue, sur le penchant du Mont-Olivet, à 500 mètres de la ville. — Pas de bains ; une buvette très-fréquentée. Température : froide.

17° La *Fontaine de Labassère* est située au fond de la vallée de l'*Oussouet*, à 8 kilomètres de Bagnères ; son eau, qui est fort abondante, est sulfureuse ; elle n'est pas utilisée en bains. Température : froide.

Propriétés physiques. — Les eaux de Bagnères sont claires et limpides ; la plupart rudes au toucher ; en général, elles n'ont point d'odeur, excepté les sources sulfureuses de *Pinac* et de *Labassère*, qui répandent une odeur hépatique ; leur saveur est fade et légèrement saline. La source ferrugineuse a un goût d'encre ; l'eau de Labassère est sans saveur. Elles déposent presque toutes, dans les canaux et les réservoirs, un sédiment ocracé.

Les eaux de Bagnères renferment à peu près

les mêmes principes, ce qui a fait penser qu'elles avaient toutes un réservoir commun, opinion que nous serions disposé à adopter. Un bien petit nombre d'entre elles font exception à cette règle, et c'est encore avec des circonstances toutes particulières. Ainsi la source sulfureuse de *Labassère*, qui, comme nous l'avons déjà dit, se trouve placée à 8 kilomètres de Bagnères, peut très-bien être considérée comme n'appartenant pas au même bassin.

La source sulfureuse de *Pinac* est semblable, par sa composition chimique, aux autres sources salines de Bagnères, si ce n'est qu'elle contient une quantité inappréciable d'hydrogène sulfuré; or, cette source traverse une épaisse couche de tourbe, et il est probable que c'est dans son trajet à travers cette tourbe, qu'elle rencontre le principe sulfureux qu'elle entraîne avec elle.

Quant à la *source sulfureuse*, on a vu qu'elle jaillissait à une certaine distance de la ville, sur le penchant d'une colline. Du reste, cette source ne diffère de la plupart des autres sources salines de Bagnères, qui contiennent aussi du fer, qu'en ce qu'elle en contient plus qu'elles.

La grande analogie qui existe dans la composition de toutes les sources salines de Bagnères,

nous a fait penser qu'il suffirait de faire connaître ici, dans un tableau synoptique que nous
plaçons sous les yeux des lecteurs, les résultats
de l'analyse des principales, obtenus par M. le
docteur Ganderax et M. Rosière, pharmacien à
Tarbes. (*Voir ci-contre.*)

SUBSTANCES contenues dans les Eaux.	Source de la Reine.	Source du Dauphin.	Bains du Grand-Pré.	Bains de santé.	Bains de Carrère-Lannes.	Bains de Cazeaux.	Bains de Théas.	Bains de Lasserre.	Bains de la Gattière.	Bains de Pinac.
Acide carbonique..............	q. ind.	q. ind.	q. ind.	q. ind.	q. ind.	q. ind.	q. ind.	q. ind.	q. ind.	q. ind.
	gr.	gr.	gr.	gr.	gr.	gr.	gr.	gr.	gr.	gr.
Chlorure de magnésium...........	0,130	0,104	0,204	0,214	0,222	0,250	0,196	0,172	0,340	0,249
Chlorure de sodium.............	0,062	0,040	0,084	0,075	0,067	0,112	0,114	0,046	0,062	0,190
Sulfate de chaux..................	1,680	1,900	1,560	1,504	1,576	1,716	1,852	1,832	1,876	1,396
Sufate de soude..................	0,396	0,400	0,000	0,000	0,000	0,000	0,376	0,000	0,000	0,000
Sulfate de magnésie...		0,000	0,380	0,396	0,324	0,478	0,000	0,408	0,036	0,287
S. carbonate de chaux.........	0,266	0,142	0,396	0,260	0,260	0,160	0,156	0,230	0,160	0,436
S. carbonate de magnésie.....	0,044	0,049	0,052	0,059	0,058	0,050	0,022	0,062	0,036	0,076
S. carbonate de fer.............	0,080	0,114	0,028	0,000	0,000	0,098	0,088	0,048	Traces.	0,060
Substance grasse résineuse...	0,006	0,009	0,005	0,008	0,004	0,006	0,010	0,004	0,005	0,008
Subst. extractive végétale.....	0,006	0,008	0,006	0,008	0,008	0,012	0,009	0,007	0,007	0,010
Silice...	0,035	0,044	0,040	0,030	0,056	0,032	0,048	0,040	0,048	0,043
Perte........................	0,054	0,020	0,025	0,029	0,033	0,044	0,045	0,021	0,032	0,045

La source sulfureuse de *Labassère*, contient :

	litre.
Acide hydrosulfurique..........................	0,062
	gr.
Hydrosulfate de soude.......................	0,044

M. Vauquelin, qui a analysé le produit de l'é—
vaporation de la *source ferrugineuse*, y a trouvé
du carbonate et du muriate de potasse, de l'oxide
de fer, de l'alumine unie à la potasse et à la silice ; c'est le fer qui prédomine. — La source
connue sous le nom de *Fontaine des Demoiselles
Carrère*, a donné les mêmes résultats.

Propriétés médicales. — Les eaux de Bagnères de Bigorre, comme toutes les eaux minérales, ont été recommandées et préconisées dans
la plupart des maladies chroniques. « Quoique
» administrées comme remède, depuis des siè-
» cles, dit M. Lemonnier, ces eaux sont peut-
» être aujourd'hui les moins bien connues de
» toutes celles que produit le versant septentrio-
» nal des Pyrénées, aussi l'usage que l'on en fait
» est-il rarement le plus convenable. » Cela
tient sans doute à la nature même de ces eaux,
qui agissent moins sur des maladies franches et
décidées, au diagnostic parfaitement déterminé,
que sur ces affections obscures et vagues, sans

caractère, sans règle et sans siége appréciables, véritables protées, qui revêtent toutes les formes, échappent à toutes les conjectures, et trompent les efforts de la thérapeutique la mieux dirigée. C'est aussi pourquoi ces eaux conviennent surtout aux hommes de lettres ou de cabinet, aux esprits fatigués par les longues veilles, par les travaux de l'intelligence ; aux organisations ébranlées par de violentes secousses morales ; aux femmes délicates, au système nerveux irritable, à celles qu'assiègent l'ennui et la mélancolie, conséquence, le plus souvent, de la vie sédentaire à laquelle elles sont assujetties dans les grandes villes. Souvent, chez tous ces malades, quelques verres d'eau de la fontaine de Salut, aidés par une petite promenade, font plus que les efforts les mieux combinés de la médecine, et l'on voit se dissiper en quelques jours des maladies que l'on avait cru incurables.

Ces eaux sont employées avec succès dans les embarras gastriques, l'amorexie, les engorgements des viscères abdominaux, la jaunisse, le catarrhe vésical, l'hypocondrie, les palpitations de cœur, les migraines, les rhumatismes, les sueurs excessives, la chlorose, l'anémie. Les femmes n'y auront pas recours en vain, dans les maladies qui sont la conséquence des désordres

de la menstruation, et elles favoriseront, chez les jeunes filles, l'apparition de ce phénomène lorsqu'il se fait trop attendre. « Les eaux de Ba-
» gnères de Bigorre, dit M. Lemonnier, convien-
» nent principalement, et plus que toute autre,
» dans les cas d'appauvrissement du sang et dans
» toutes les affections, quelles qu'elles soient,
» où la susceptibilité nerveuse est anormalement
» développée; deux propriétés qui expliquent
» leur heureuse influence dans la plupart des af-
» fections particulières au sexe féminin. »

Il est inutile de dire que, dans les indications qui précèdent, nous voulons parler surtout des eaux salines; quant aux eaux sulfureuses et ferrugineuses, elles ont des propriétés spéciales particulières à leur composition.

Les eaux de Bagnères de Bigorre sont administrées sous toutes les formes : en bains, en douches, affusions, fumigations et en boisson; sous une ou plusieurs de ces formes à la fois. En boisson, la dose est d'un demi-litre à deux litres. Souvent on ajoute à l'eau de *Lasserre* un sel neutre, pour aider son action purgative. Assez généralement, on boit l'eau ferrugineuse mêlée au vin, dans les repas.

II.

CAPBERN

(Hautes-Pyrénées).

Topographie. — *Capbern*, petit village de 700 à 800 habitants, est situé dans une position fort agréable, sur la route de Toulouse à Bagnères, à 126 kilomètres de la première de ces villes et 18 de la seconde. Le passage de cette route, si fréquentée pendant la saison des bains, lui donne une vie et une animation toutes particulières. — On trouve, dans les environs, les ruines du château de Mauvezin, construction gothique, d'un intérêt très-romantique.

Sources et établissement. — A 3 kilomètres du village, dans un vallon pittoresque et boisé, jaillit une source minérale nommée la *Hount-Caoudo*, qui est exploitée par un établissement où l'on trouve vingt-sept cabinets de bains, une buvette et une douche descendante. — Trois hôtels et une quinzaine de maisons offrent aux baigneurs des appartements commodes et une nourriture saine et délicate, le tout à très-peu de frais. Il y a encore, dans les environs de Capbern, une autre source minérale presque froide, nommée la *Bourridé ;* elle est beaucoup moins importante et moins fréquentée que la première.

Propriétés physiques. — L'eau de la *Hount-Caoudo* est parfaitement limpide, inodore, douceâtre au goût et un peu rude au toucher. Sa température est de 22° 50 à 23° c. Elle coule avec une extrême abondance, et les variations de saison n'ont aucune influence sur son volume.

Analysées successivement par MM. Long-champ, Save et Latour, ces eaux ont donné, au premier, du gaz acide carbonique, du sulfate de magnésie et du carbonate de fer, dont le second les dépouille entièrement. Voici les résultats de l'analyse de M. Latour, qui est la plus récente :

Pour un litre d'eau.

	litre.
Acide carbonique...................................	0,49
Oxigène..	0,18
Azote.................	0,28

	gr.
Hydrochlorate de magnésie.......................	0,032
Hydrochlorate de soude...........................	0,044
Hydrochlorate de chaux...........................	0,016
Sulfate de magnésie...............................	0,460
Sulfate de soude...................................	0,072
Sous-carbonate de magnésie......................	0,012

	gr.
Sous-carbonate de chaux........................	0,220
Sulfate de chaux...............................	1,096
Carbonate de fer..............................	0,024
Silice...	0,028
Matière organique.............................	0,076

Propriétés médicales. — Les eaux de Capbern sont très-usitées en boisson; on en fait usage aussi en bains et en douches; mais, pour cela, il faut les chauffer.

M. le docteur Tailhade prétend que l'action de ces eaux consiste à activer la circulation dans les organes abdominaux, et surtout dans ceux du bas-ventre. Il les préconise dans la gravelle, les catarrhes de la vessie, la langueur de l'appareil digestif, la gastrite, l'hépatite chronique, les obstructions du foie, de la rate, du pancréas, du mésantère. Selon lui, elles rétablissent les flux menstruel ou hémorroïdal supprimés, augmentent la sécrétion des urines et facilitent l'expulsion des graviers.

M. le docteur Farr, médecin anglais, qui a été guéri par ces eaux, et qui, par reconnaissance, a écrit un Mémoire sur leur vertu, parle du pouvoir qu'elles ont de régulariser la circulation et de faire cesser les congestions des organes; il les conseille aux femmes qui sont dans l'âge

de retour, pour prévenir les nombreuses maladies qui sont, chez elles, la suite de cette période
de la vie. — Enfin, en parlant de leur contre-
indication, il dit qu'elles ne conviennent pas
chez les personnes douées d'un tempérament
délicat ou nerveux et qui ont la fibre lâche, ni
chez celles qui ont le sang trop séreux ou ap-
pauvri par des hémorrhagies abondantes.*

III.

SAINTE-MARIE

(Hautes-Pyrénées).

Topographie, sources et établissement. —
Sur la route de Toulouse à Bagnères de Luchon, non loin des rives de la Garonne, on
trouve le village de *Sainte-Marie*, dans un site
agréable, au milieu d'un air pur. Ce village possède quatre sources minérales, dont deux alimentent un petit établissement thermal assez
bien tenu, que fréquentent les habitants de la
contrée. Les deux autres sources sont sans
usage.

* A practical essay on the mineral waters of Capbern. Passim.

Propriétés physiques. — L'eau de toutes ces sources est limpide, incolore, inodore, d'une saveur amère et nauséabonde. Température : 17° c.

L'analyse faite par M. Save a produit :

Pour un litre d'eau.

	litre.
Acide carbonique	0,160

	gr.
Sulfate de chaux...............................	0,430
Sulfate de magnésie............................	0,580
Carbonate de magnésie..........................	0,020
Carbonate de chaux.............................	0,370

Propriétés médicales. — Ces eaux sont employées dans les embarras gastriques, dans les engorgements du foie, de la rate, du pancréas, du mésentère, dans les coliques néphrétiques, les catarrhes vésicaux, les fièvres intermittentes, les suppressions des flux menstruel ou hémorroïdal.

IV.

BARBOTAN

(Gers).

Topographie. — Le village de *Barbotan*, situé sur les limites des départements du Gers et des Landes, à 2 kilomètres de Casaubon et 25 de Nérac, possède plusieurs sources minérales fort renommées dans le pays, et qui sont fréquentées, toutes les années, par un concours de cinq ou six cents malades de la contrée et des départements voisins.

Pendant la saison des eaux, on trouve à Marmande, à Tonneins, à Nérac, etc., des voitures pour Barbotan. Il y a d'excellents hôtels ; les logements et la nourriture y sont à très-bon marché.

Sources et établissement. — Les sources minérales qui sont utilisées sont :

1° La *Buvette*, dont la température est de 32°.

2° Les *Bains chauds*, qui alimentent douze baignoires. Température : 35°.

3° Les *Bains frais*, au nombre de trois. Température : 31°.

4° La *Source* qui alimente trois douches. Température : 38°.

5° La *Piscine* ou *Bain des Pauvres*, bassin construit en pierre et pouvant contenir une douzaine de personnes. Température : 33°.

6° Enfin, le bassin des *Boues*, si renommées par leur énergie, qui peut contenir vingt personnes ; il est situé à trois pas des douches, ce qui fait que les malades peuvent facilement, au sortir du bassin, recevoir une douche pour nettoyer leur corps souillé de limon. Température : 36° dans le fond, 26 à la surface.

Toutes les sources de Barbotan sont limpides, transparentes, laissant dégager beaucoup de gaz acide carbonique ; leur saveur est piquante et salée, sans aucun arrière-goût hépatique, quoique cependant elles exhalent une odeur d'hydrogène sulféré très-prononcée.

L'analyse de ces eaux a été faite par M. Mermet, professeur de chimie à Pau. Voici les résultats qu'elle a fourni :

Pour un litre d'eau.

	litre.
Acide hydrosulfurique........................	q. ind.
Acide carbonique............................	0,152

	gr.
Carbonate de chaux.........................	0,02030
Carbonate de magnésie......................	0,00150
Carbonate de fer............................	0,03026
Sulfate de soude............................	0,03180
Chlorure de sodium.........................	0,02120
Silice......................................	0,02650
Barégine...................................	0,00010

Propriétés médicales. — Les eaux de Barbotan
sont administrées avantageusement, à l'intérieur, aux tempéraments mous et lymphatiques,
aux organisations atoniques et paresseuses ; elles ne conviennent pas aux tempéraments bilieux
et sanguins, aux poitrines délicates. On les
prescrit dans les embarras gastriques signalés
par l'anorexie ou les digestions pénibles ; dans
les engorgements des viscères abdominaux ;
dans la suppression du flux menstruel, la leucorrhée, les coliques néphrétiques, la gravelle,
les catarrhes chroniques de la vessie.

Mais ce sont surtout les bains, et principalement ceux des *boues,* qui ont fait la grande réputation des sources de Barbotan, et qui attirent
la majorité des malades qui les fréquentent. Ces
boues sont employées avec le plus grand avantage dans les rhumatismes chroniques, les maladies de la peau, les ulcères inertes, les engorgements des articulations, les fausses ankyloses,
les douleurs qui résultent des entorses ou des
luxations, les maladies des os, la paralysie. —
Elles sont nuisibles dans la goutte, les obstructions des viscères, les apoplexies imminentes.
— On ne doit les prendre que pendant les chaleurs de l'été.

V.

FONCIRGUE
(Ariège).

Topographie, sources et établissement. —
Dans un site isolé de la commune du Peyrat,
arrondissement de Pamiers, on trouve, non loin
de la route de Limoux à Foix, au pied d'une
montagne calcaire et dans un climat sain et tempéré, l'établissement minéral de Foncirgue, alimenté par une source minérale très-abondante,
qui jaillit de la montagne. Cet établissement, fréquenté par les habitants des contrées voisines,
possède plusieurs cabinets de bains, une douche
et une buvette; de plus, il offre des logements
commodes et une nourriture convenable, à l'u-
sage des baigneurs.

Propriétés physiques. — L'eau de Foncirgue
est limpide, incolore, inodore, d'une saveur douceâtre et désagréable; elle laisse constamment
dégager des gaz qui viennent éclater avec bruit
à sa surface. Température : 20° c.
Analysée par M. Fau, pharmacien, cette eau
a produit :

15

Une petite quantité d'acide carbonique et d'azote,
Du sulfate de magnésie, de soude et de chaux,
De l'hydrochlorate de magnésie et de chaux,
Du carbonate de chaux,
De l'oxide de fer,
Du phosphate de chaux et de la silice.

Propriétés médicales. — Les eaux de Foncirgue sont réputées très-favorables dans les affections chroniques du tube digestif, les embarras
gastriques, les engorgements du foie et de la
rate, la jaunisse, la gravelle et les catarrhes vésicaux, la chlorose, les désordres de la menstruation et les irritations nerveuses de l'utérus,
etc.

VI.

BARBAZAN

(Haute-Garonne).

Dans les environs de *Barbazan*, village situé
sur la rive droite de la Garonne, à 4 kilomètres
de Saint-Bertrand-de-Comminges et 8 de Saint-
Gaudens, on trouve, au milieu d'un pré, dans
un site agréable, un petit bâtiment destiné à
l'exploitation d'une source minérale.

L'eau de cette source est limpide, sans odeur,

d'une saveur piquante et saline; sa température
est de 19° c. — M. Saint-André en a obtenu, par
l'analyse :

Pour un litre d'eau.

		gr.
Sulfate de chaux	....	0,8180
Carbonate de chaux	....	0,1790
Chlorure de magnésium	....	0,2170
Sulfate de magnésie	....	0,6590

Ces eaux sont employées dans les engorgements des viscères abdominaux, les fièvres intermittentes rebelles, les pâles-couleurs, la suppression du flux menstruel ou hémoroïdal.

VII.

LABARTHE-RIVIÈRE
(Haute-Garonne).

Le village de *Labarthe-Rivière*, à 4 kilomètres
de Saint-Gaudens, dans la vallée de la Garonne,
possède un établissement thermal passablement
fréquenté, pendant la saison, par les malades de
la contrée, et entretenu par une source dont l'eau
est limpide, transparente, inodore, d'une saveur
fade et désagréable. Température : 21° c.

Nous ne connaissons de cette eau qu'une analyse imparfaite due à notre ami et confrère, M. le docteur C., et qu'il ne nous est pas permis de reproduire ici. Il paraîtrait, cependant, d'après cette analyse, que l'eau contient du chlorure de sodium, du sulfate de magnésie et du carbonate de chaux.

On recommande ces eaux dans les rhumatismes chroniques, les affections cutanées, les engorgements articulaires, la chlorose, et, en général, dans toutes les affections particulières aux femmes et provenant d'un trouble dans la menstruation.

VIII.

DAX

(Landes).

Topographie. — Petite ville, chef-lieu de sous-préfecture, de 5,000 habitants, *Dax* est situé sur la rive gauche de l'Adour, que traverse un pont remarquable, à 40 kilomètres de Bayonne, 38 de Mont-de-Marsan et 130 de Bordeaux. Cette ville, fort ancienne, est entourée de vieilles murailles gothiques, flanquées de tours, et possède un château-fort. Quelques vestiges d'an-

tiquité font supposer que ses eaux étaient fréquentées par les Romains. Les étymologistes ont
même trouvé une origine latine à son nom ; ils le
font dériver de *aqua*. Ces gens sont capables de
tout! Le séjour de Dax est agréable, l'air y est
pur et sain, les femmes vives et jolies, la vie
bonne et à bon marché. — On y trouve de belles
promenades.

Sources et établissement. — La ville de Dax est
comme le centre de ces sources salines que l'on
trouve en si grande abondance dans le département des Landes. L'eau minérale y jaillit de toutes parts ; il suffit de creuser la terre, à quelques
mètres de profondeur, pour la trouver. On l'emploie pour les usages domestiques. Les principales sources sont : la *Fontaine-Chaude*, 61° c. ;
la source des *Fossés*, les sources des *Bagnots*,
30°, etc.

Propriétés physiques. — L'eau de toutes ces
sources est limpide, incolore, laissant dégager
des gaz à sa surface, d'une odeur *sui generis*,
fugace, d'une saveur légèrement saline. Elle
nourrit des tremelles.

Analysée par MM. Jean Thore et Meyrac,
cette eau a fourni :

Pour un litre d'eau.

	gr.
Chlorure de sodium............................	0,032
Chlorure de magnésium..........................	0,095
Carbonate de magnésie.........................	0,027
Sulfate de chaux................................	0,170
Sulfate de soude................................	0,151

Cette analyse aura sans doute été faite après l'évaporation du gaz, puisqu'elle n'en fait pas mention.

Les eaux de Dax ne sont presque pas usitées en boisson. Elles produisent d'excellents effets en bains et en douches, dans les rhumatismes chroniques, la névralgie sciatique, la paralysie, les douleurs musculaires, et dans toutes les maladies qui exigent une forte révulsion à la périphérie.

IX.

TERCIS

(Landes).

Topographie, source et établissement. — Le village de *Tercis*, situé dans la vallée de la Luy, à 4 kilomètres de Dax, possède un établissement thermal assez bien entretenu, avec cabinets de bains, douche et buvette. Les malades y trouvent, en outre, des appartements meublés et une nourriture convenable.

Cet établissement est alimenté par une source dont l'eau est limpide, d'une saveur salée et styptique, d'une odeur d'œufs pourris. Exposée à l'air, elle se couvre, à sa surface, d'une substance blanchâtre et floconneuse, onctueuse au toucher. Température : 41° c.

L'analyse de cette eau a fourni à MM. Thore et Meyrac :

Pour un litre d'eau.

	gr.
Chlorure de sodium....................	2,124
Chlorure de magnésium.......................	0,223
Carbonate de magnésie......................	0,085
Carbonate de chaux....,......................	0,042
Sulfate de chaux.............................	0,021
Soufre..	0,011
Matière terreuse insoluble...................	0,032

Propriétés médicales. — Les eaux de Tercis sont administrées en bains, en douches, en boisson. Elles sont recommandées dans les embarras gastriques, la jaunisse, la chlorose, les rhumatismes chroniques, le lumbago, les douleurs articulaires, les maladies cutanées et les ulcères inertes.

X.

POUILLON
(Landes).

Dans les environs *de Pouillon*, bourg de 3,000 habitants, situé entre la Luy et le Gave de Pau, à 10 kilomètres de Dax et 26 de Bayonne, on trouve une source minérale très-abondante, qui est reçue dans un bassin où les malades de la contrée viennent se baigner. — L'eau de cette source est limpide, inodore, d'une saveur amère et salée. Elle dépose un limon onctueux et rougeâtre assez abondant. Température : 20° c.

Cette eau a été analysée par M. Meyrac, qui y a trouvé :

Pour un litre d'eau.

	gr.
Chlorure de sodium	1,359
Chlorure de magnésium	0,043
Carbonate de chaux	0,057
Sulfate de chaux	0,492

Les eaux de Pouillon passent pour très-salu-

taires dans les rhumatismes chroniques, les ulcères invétérés, les gastralgies, les scrofules,
les fièvres intermittentes. Elles ne conviennent
pas aux tempéraments sanguins. Raulin donne la
préférence à ces eaux sur celles de Sedlitz et de
Seidschutz. Il faut dire, du reste, que les appré-
ciations de ce praticien, sur certaines eaux minérales de la Gascogne, sont empreintes d'une
exagération toute locale.

XI.

PRÉCHAC

(Landes).

Le village de Préchac, non loin des bords de
l'Adour, à 9 kilomètres de Dax, est situé dans
une plaine marécageuse et insalubre. On y trouve
un établissement thermal en assez mauvais état
et peu fréquenté, qui présente un bassin où les
eaux sont reçues et où les malades se baignent
en commun. L'eau est limpide, répand une odeur
hépatique et a un goût salin et saumâtre. — Elle
contient du chlorure de magnésium et de sodium, du sulfate de soude et de chaux, du carbonate de chaux et de la silice. — Elle est em-

ployée dans les rhumatismes chroniques, les douleurs articulaires et les maladies de la peau.

———

Nous croyons inutile d'entrer ici dans quelques détails sur un grand nombre de sources salines qui ne présentent pas d'établissement et ne sont connues que des habitants de la localité.— Telles sont les sources de *Salces*, dans le département des Pyrénées-Orientales, si abondantes qu'elles alimentent des usines; celles de *Tautavel*, de *Saint-Paul-de-Fenouillèdes* et de *Neffach*, dans le même département.

La source de *Syradan*, dans la Haute-Garonne.

Les sources de *Saubuse*, *Donzac*, *Caupène*, etc., dans le département des Landes.

SUPPLÉMENT.

DES BAINS DE MER.

————

Les *bains de mer* constituent le bain naturel dans toute sa simplicité primitive; aussi leur origine doit elle remonter aux premiers âges de l'histoire de l'humanité. Après les avoir long-temps employés comme moyen hygiénique, on finit par leur reconnaître de puissantes vertus médicinales, et Pline nous apprend les nombreuses maladies au traitement desquelles ils étaient appliqués de son temps chez les Romains. Plus tard, on les négligea beaucoup, et, pendant tout le moyen-âge, ils furent presque complètement abandonnés; enfin, depuis une trentaine d'années, environ, on en a repris l'usage en France, à l'imitation de l'Angleterre et de l'Allemagne, qui y étaient revenues avant nous, de telle sorte qu'aujourd'hui ces bains sont très-usités, et que les heureux résultats qu'on en obtient tendent à leur donner une importance chaque jour plus grande, et à leur assigner une des premières places parmi les ressources thérapeutiques.

Ces bains pourraient se prendre, au besoin, sur tous les points du rivage; mais on choisit de préférence, pour cela, une plage unie et légèrement inclinée, dont le fond soit bien connu et dont le sable fin et délié ne puisse meurtrir les pieds. Quelques points de nos côtes sont surtout fréquentés de préférence par les baigneurs; tels sont Dieppe, Boulogne-sur-Mer, Royan, La Teste, Biaritz, Cette, Marseille, etc., qui deviennent, chaque année, le rendez-vous d'un grand nombre de malades ou de gens oisifs, attirés

par le désir de guérir leurs maux ou de profiter
des plaisirs que ramène le retour de la saison
des bains.

L'air que l'on respire au bord de la mer est
vif et pur ; il donne la vigueur et la santé, et
produit sur tout l'organisme une action tonique
des plus salutaires. Pour s'en convaincre, il suffit de considérer ces belles races, saines, viva-
ces et bien constituées qui peuplent les côtes,
et que l'on chercherait vainement dans les provinces de l'intérieur. Et n'est-ce pas là la signi-
fication de cette gracieuse apologue des Grecs,
qui nous peint Vénus Aphrodite sortant du sein
de l'onde ? Vénus, c'est-à-dire l'amour, la jeu-
nesse et la beauté.

Sur les personnes qui ne sont pas habituées à
son influence, cet air active la circulation, stimule l'appétit, dilate la poitrine qui l'aspire avec
volupté ; enfin il fait éprouver un certain sentiment de gaîté et de bien-être indéfinissable*.
Le séjour de la mer suffit quelquefois seul pour
opérer la guérison de certaines maladies asthé-

---

* C'est pour cela, peut-être, que les marins, une fois à terre,
regrettent la mer comme on regrette sa patrie ou son air natal.
Ils éprouvent de véritables accès de nostalgie et ils soupirent
après le moment heureux où ils pourront revenir sur leur élément et recommencer leur vie aventureuse.

16

niques, de la chlorose, de l'hypocondrie, etc.
Disons, cependant, que cet air, à cause de ses
propriétés excitantes, ne convient pas aux poitrines faibles et délicates ; et que, dans les cas
de phthisie pulmonaire, par exemple, loin de
produire des effets avantageux, il hâte la résolution des tubercules et mène rapidement le malade à la catastrophe suprême.

L'eau de la mer présente des nuances légèrement différentes, selon les climats ou l'état de
l'atmosphère : ainsi, la Méditerranée paraît bleue,
les Romains l'appelaient *mare cœruleum ;* l'Océan
Atlantique, sur nos côtes, est d'un vert glauque
mare glaucum. La mer est d'une couleur obs-
cure et plombée, à l'approche des orages ; elle
est d'un jaune terreux après les tempêtes. Cependant, malgré ces différences apparentes qui
ne sont dues, la plupart du temps, qu'aux divers
reflets de la lumière, cette eau, regardée au
travers d'un verre, est parfaitement limpide et
transparente. — Elle est également inodore, et
l'on se tromperait si on lui attribuait cette odeur
particulière, appelée *odeur de marée,* que l'on
respire sur le rivage et qui est due aux émana-
tions des algues, des varechs, des mollusques,
des zoophytes, et enfin de tous les produits
organiques marins que le flot jette sur la plage.

L'eau de la mer est d'une saveur saumâtre,
salée et nauséabonde qui prend fortement à la
gorge et qui est le résultat des différents sels,
ainsi que des principes organiques qui s'y trouvent en dissolution. Ces mêmes sels la rendent
impotable, c'est-à-dire qu'elle ne désaltère pas;
elle ne dissout pas le savon et est impropre à la
plupart des usages domestiques; sa densité et
sa pesanteur spécifiques sont plus grandes que
celles de l'eau ordinaire; sa température est
moins variable, sans être cependant à l'abri des
influences atmosphériques : pendant les chaleurs
de l'été, elle varie, sur nos côtes, entre 15 et
20° c.

Un des phénomènes les plus curieux et les
plus intéressants que présente l'eau de mer et
qui probablement influe beaucoup sur ses propriétés médicales, c'est sa phosphorescence. Il
arrive, durant certaines nuits, que cette eau,
lorsqu'on l'agite, paraît tout en feu. Le sillage
du navire laisse derrière lui une longue traînée
lumineuse et les avirons semblent soulever des
flots d'un liquide enflammé. Ce phénomène, qui
se présente sous toutes les latitudes, d'une manière fort inconstante et fort variable, a été l'objet d'un grand nombre de théories qui ont essayé
de l'expliquer, et qui, toutes, sont plus ou moins

conjecturales. Cependant on l'attribue, assez généralement, à la présence de petits mollusques
ou zoophytes phosphorescents qui vivent dans
cette eau. Si c'est bien là la véritable cause de
ce phénomène, on sera forcé de convenir aussi
qu'il se présente sous la dépendance de certaines conditions particulières ; sans cela, comment expliquer cette inconstance qui se fait remarquer dans ses apparitions ? Il arrive, en effet, telle nuit où cette phosphorescence paraît
dans tout son éclat, et la nuit suivante, il n'en
reste plus la moindre trace.

Enfin, l'eau de la mer transportée s'altère
avec la plus grande facilité. Quelle est la cause
de cette décomposition ? On ne peut pas invoquer ici, comme pour les eaux minérales, le
contact de l'air, puisque la mer est sans cesse
en contact avec cet élément. La question devient
donc beaucoup plus difficile et plus embarras-
sante.

Ne dirait-on pas d'un membre qui meurt et se
décompose lorsqu'il est arraché du tronc ? Nous
n'étions donc pas tombé dans une exagération
métaphysique si étrange, lorsque nous disions,
à propos des eaux minérales, que ces eaux jouissent d'une certaine vitalité, et qu'elles ont leur
physiologie particulière.

Comme nous l'avons déjà dit, l'eau de mer contient une grande quantité de sels en dissolution. Le chlorure de sodium est le principe dominant. Ces principes, qui sont à peu près les mêmes partout, quant à leur nature, varient cependant dans leurs proportions, selon les latitudes ou les différentes mers : ainsi l'Océan est plus salé dans l'hémisphère nord que dans l'hémisphère sud ; les petites mers sont moins salées que les grandes ; il faut, cependant, en excepter la Méditerranée et la mer Morte, ou lac Asphalte. Cette eau est d'autant plus salée qu'on la prend à une plus grande profondeur. Nous allons reproduire ici l'analyse comparative de l'Océan et de la Méditerranée qui a été faite par MM. Bouillon–Lagrange et Vogel. Cette analyse a fourni :

Pour trois litres d'eau.

	Océan. lit.	Méditerranée. lit.
Acide carbonique..............	0,230	0,110
Chlorure de sodium.............	26,646	26,646
Chlorure de magnésium.......	5,853	7,203
Sulfate de magnésie...........	6,465	6,991
Sulfate de chaux..............	0,150	0,150
Carbonate de magnésie et de chaux	0,200	0,150
Total..........	39,314	41,140

Il faut joindre à ces substances l'hydrochlorate d'ammoniaque, d'alumine et de potasse, le
brôme, découvert par M. Balard, de Montpellier,
et enfin l'iode, dont la présence a été signalée
dans l'eau de la Méditerranée.

Propriétés médicales. — L'eau de mer, administrée *en boisson*, à une dose convenable, est
un excellent purgatif. Dans ce but, elle est d'un
usage banal parmi les marins, qui la prennent à
la dose de deux à quatre verres, le matin, à jeun.
Elle manque alors rarement son effet. Prise à
des doses plus modérées, cette eau est employée
avec avantage : comme *tonique*, chez les tempéraments mous et lymphatiques; comme *fon-
dant*, dans les scrofules, les engorgements des
organes abdominaux; enfin, comme *excitant*,
dans la chlorose, l'aménorrhée, les fleurs-blanches. Nous avons été à même, bien souvent, de
juger de ces diverses qualités de l'eau de mer,
et nous l'avons vue, presque toujours, produire
d'heureux résultats, surtout dans les scrofules.
Avant de l'employer, il sera important de s'assurer, avec le plus grand soin, qu'il n'existe pas de
symptôme inflammatoire. On fait concourir ordinairement la boisson avec les bains, à moins que
quelque circonstance particulière ne s'y oppose.

Outre les effets du bain frais ordinaire, pour lequel nous renvoyons le lecteur au Chapitre Ier de cet ouvrage, les *bains de mer* ont encore des effets particuliers qui sont dus aux sels que l'eau tient en dissolution, lesquels stimulent la peau à l'extérieur, pénètrent, par absorption, dans les organes les plus profonds, à l'intérieur.

Les bains de mer sont employés également avec avantage comme moyen hygiénique et comme moyen thérapeutique.

Dans le premier cas, ils durcissent la peau, raffermissent les tissus, donnent une nouvelle énergie au système musculaire, suppriment les sueurs immodérées, tonifient les organes, activent et facilitent leurs fonctions, fortifient les tempéraments débiles et lymphatiques et relèvent les organisations abattues par la fatigue ou par de longues maladies.

Comme moyen thérapeutique, les bains de mer produisent une révulsion favorable à la peau, fortifient l'économie et procurent ainsi à la nature l'énergie nécessaire pour combattre les maladies ; enfin, ils modifient profondément les humeurs, en mêlant à la circulation les principes salins que l'eau contient.

C'est surtout dans les scrofules et le rachitis que les effets salutaires des bains de mer, aidés, comme nous l'avons dit, de l'usage de l'eau à l'intérieur, se manifestent d'une manière héroïque. Les accidents consécutifs de ces maladies, tels que l'engorgement des ganglions, le carreau, l'ophthalmie, les ulcères fistuleux, les déviations des membres et du tronc sont toujours puissamment modifiés par cette médication. Il en est de même pour le ramollissement ou la carie des os, les tumeurs blanches, les fausses ankyloses, les engorgements articulaires.

Les gastralgies, accompagnées de digestions difficiles, les douleurs intestinales, les coliques néphrétiques, les engorgements du foie, de la rate, du mésantère, retireront les plus heureux effets des bains de mer, aidés toujours de l'usage de l'eau en boisson.

Ces bains offrent un puissant moyen de guérison contre les différentes formes de névroses, la chorée, l'hystérie, l'hypocondrie, les palpitations nerveuses. M. Gaudet, médecin inspecteur à Dieppe, affirme qu'il n'est pas de médication plus sûre à opposer aux céphalées, aux hémicranies, aux névralgies faciales que les bains de mer, accompagnés d'affusions que l'on se fait pratiquer sur la tête. Cette dernière circonstance est, selon lui, indispensable.

Les femmes auront recours avec le plus grand

avantage aux bains de mer dans la chlorose, les
fleurs-blanches, l'aménorrhée, la dysménorrhée,
la métrorrhargie, les déviations ou les engorgements de l'utérus, dans l'anaphrodisie ; elles y
trouveront souvent la fécondité qui jusque-là
avait trompé leurs espérances.

Ces bains peuvent réussir encore dans certaines formes sèches de dermatoses, l'inconti-
nence d'urines, les pertes séminales involontai-
res, les rhumatismes chroniques.

Les bains de mer sont un agent trop énergique pour ne pas être contre-indiqués dans un
grand nombre de circonstances. Ainsi, on s'en
abstiendra avec soin dans l'état pyrétique ou inflammatoire, dans la pléthore, surtout lorsqu'il
y a menace de congestion cérébrale, dans les
anévrismes, les affections organiques du cœur,
la goutte, le rhumatisme aigu. Ils ne conviennent nullement aux vieillards, aux femmes en-
ceintes, de même qu'aux tempéraments trop
faibles pour pouvoir fournir à la réaction qui
doit toujours accompagner le bain.

On se baigne ordinairement à marée haute ou
lorsqu'elle monte, parce qu'alors, l'eau est plus
chaude que lorsqu'elle descend. Il faut se plonger
subitement dans l'eau et y plonger même la tête
à plusieurs reprises ; cette précaution est im-

portante pour éviter les céphalalgies. Quelques
baigneurs se font verser, pendant qu'ils sont
dans le bain, des sceaux d'eaux sur la tête.
Nous avons vu que ces affusions étaient surtout
très-avantageuses dans les migraines et les névralgies. La lame qui frappe le corps et le sub-
merge même quelquefois tout entier, produit un
ébranlement salutaire analogue à la douche.

Les personnes qui savent nager se livreront
avec avantage à cet exercice salutaire qui aidera
considérablement aux bons effets du bain. Du
reste, la densité de l'eau de mer étant plus grande
que celle de l'eau douce, la natation y est plus
facile que dans celle-ci. Les malades faibles ou
timides se confient à un guide qui les prend dans
ses bras et les plonge dans la mer à plusieurs
reprises. — Le bain de mer doit être de courte
durée, de cinq à douze minutes au plus. Les
Anglais, qui en font un grand usage, se bornent
à une simple immersion. Dans tous les cas, il
sera prudent de ne pas attendre le second frisson, surtout lorsque la faiblesse du sujet fait
craindre une réaction difficile. On se trouve bien,
dans ce cas, de l'usage des bains d'eau de mer
chauffée.

Il faut attendre, avant de se mettre dans le
bain de mer, que la digestion du dernier repas

soit terminée; il sera bon de faire une petite promenade en plein air, avant et après le bain.

Après s'être essuyé et avoir repris ses vête-ments, le baigneur sent une chaleur vive péné-trer tous ses membres. C'est une preuve que la réaction s'opère et que le bain à produit un effet favorable.

L'extrême facilité avec laquelle l'eau de mer se décompose, empêche d'en faire usage, soit en bains, soit en boisson, ailleurs qu'à la côte.

FIN.

TABLE DES MATIÈRES.

Pages

AVANT-PROPOS...................................... V

CHAP. Ier. — DES BAINS EN GÉNÉRAL................ 11

CHAP. II. — CONSIDÉRATIONS SUR LES EAUX MINÉ-
RALES EN GÉNÉRAL.................... 63

CHAP. III. — COUP-D'OEIL SUR LES PYRÉNÉES ET
SUR LA NATURE DE LEURS EAUX
MINÉRALES. 105

CHAP. IV. — DESCRIPTION DES EAUX SULFUREUSES
DES PYRÉNÉES :

Cauterets................................. 133
Bonnes ou les Eaux-Bonnes............ 145
Les Eaux-Chaudes........................ 152
Saint-Sauveur........................... 155
Barèges..... 160

17

Pages

Bagnères de Luchon................ 168
Ax.............................. 176
Le Vernet........................ 180
Arles-les-Bains.................. 189
La Preste........................ 197
Moligt.......................... 201
Vinça........................... 204
Escaldas........................ 207
Thuez........................... 209
Castéra-Verduzan................ 211
Cambo........................... 216
Gamarde......................... 219
Penticouse...................... 220

CHAP. V. — DESCRIPTION DES SOURCES ACIDULES GAZEUSES :

Ussat........................... 225
Audinac......................... 231
Encausse........................ 235
Lavardens....................... 237

CHAP. VI. — DESCRIPTION DES SOURCES FERRUGI-NEUSES :

Casteljaloux.................... 241
Cours........................... 246
Bagnères........................ 247
Castera-Verduzan................ 248
Cambo........................... Id.
Sainte-Magdeleine-de-Fleurens... Id.

Pages

Le Boulou.. 250

Laroque... 251

Tarascon... 252

CHAP. VII. — DESCRIPTION DES SOURCES SALINES :

Bagnères de Bigorre....................... 255

Capbern,.................................... 269

Sainte-Marie............................... 272

Barbotan................................... 273

Foncirgue.................................. 277

Barbazan................................... 278

Labarthe-Rivière......................... 279

Dax.. 280

Tercis...................................... 282

Pouillon................................... 284

Préchac.................................... 285

SUPPLÉMENT. — DES BAINS DE MER.............. 287

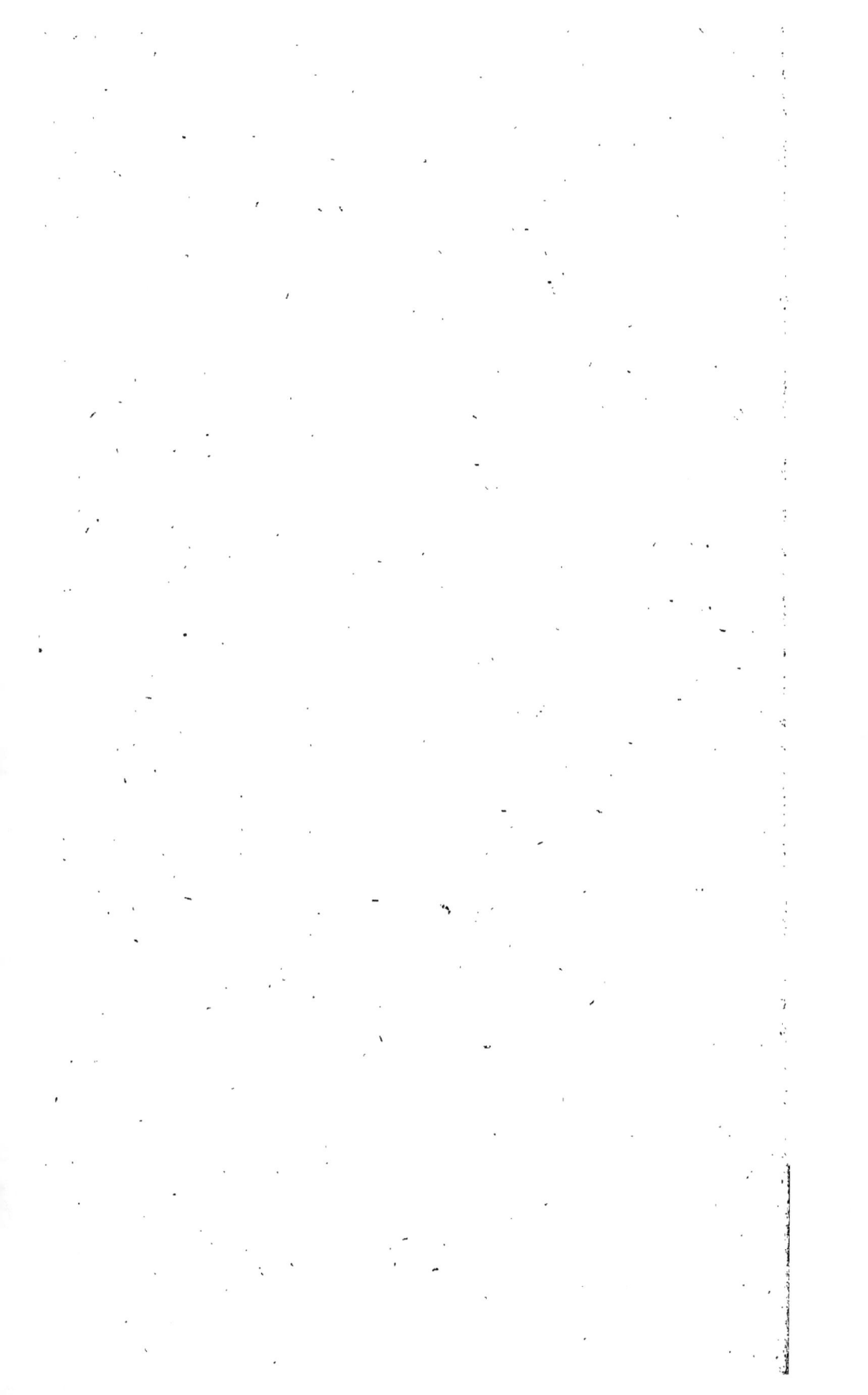

BORDEAUX,

IMPRIMERIE DES OUVRIERS-ASSOCIÉS,
Rue du Parlement Sainte-Catherine, 19,
(Métreau, titulaire).

Carte Itinéraire
pour servir au précis
sur les Eaux Minérales,
PAR VERDO,
Dr Médecin.

Signe des sources Minérales indiquées dans l'ouvrage

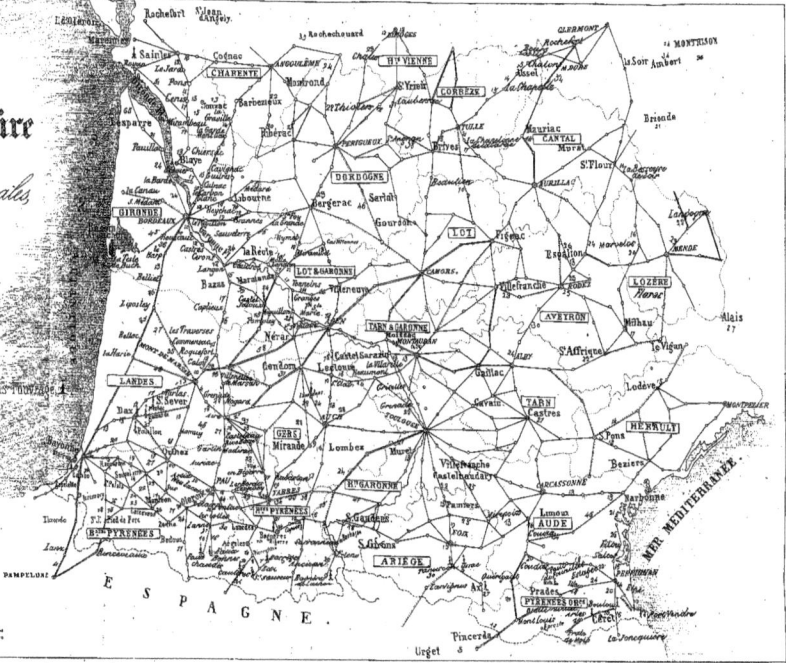

Echelle de proportion

Kilomètres de 111 au degré

DES DÉPOTS SONT ÉTABLIS A

BORDEAUX.	AUCH.	BAGNÈRES DE
MARMANDE.	TARBES.	BIGORRE.
AGEN.	PAU.	CARCASSONNE.
TOULOUSE.	BAYONNE.	MONTPELLIER.
PERPIGNAN.	MONTAUBAN.	

Livres qui se trouvent à Bordeaux
Chez CHAUMAS.

MUSÉE D'AQUITAINE, par Lacour, Jouannet, avec figures, 3 vol. in-8o. . . . . 20 fr. »

ÉTUDES SUR LES LANDES, par le baron d'Haussez, 1 vol. in-8o. 3   50

HISTOIRE DES JUIFS DE BORDEAUX, par Etchevery, in-8o. 1   25

TRAITÉ SUR LES VINS DE MÉDOC et autres Vins rouges et blancs du département de la Gironde, par Franck (2me édition), in-8o. 5   »

SUPPLÉMENT A CE TRAITÉ (1851). 1   50

BORDEAUX. Imprimerie des OUVRIERS-ASSOCIÉS.